管理敏感

[韩]全弘镇 著　王萌 译

中信出版集团|北京

图书在版编目（CIP）数据

管理敏感/（韩）全弘镇著；王萌译.--北京：
中信出版社, 2021.4
ISBN 978-7-5217-2868-2

Ⅰ.①管… Ⅱ.①全…②王… Ⅲ.①感受性—通俗读物 Ⅳ.① B842.2-49

中国版本图书馆 CIP 数据核字 (2021) 第 035945 号

<매우 예민한 사람들을 위한 책>
A Book for Highly Sensitive Person>
Copyright © 2020 by 전홍진 全弘鎭 Jeon Hong Jin
All rights reserved.
Simplified Chinese copyright © by CITIC PRESS CORPORATION
Simplified Chinese language edition is published by arrangement
with Geulhangari Publishers
through 連亞國際文化傳播公司

本书仅限中国大陆地区发行销售

管理敏感

著　　者：[韩]全弘镇
译　　者：王萌
出版发行：中信出版集团股份有限公司
　　　　　（北京市朝阳区惠新东街甲4号富盛大厦2座　邮编　100029）
承 印 者：中国电影出版社印刷厂

开　　本：880mm×1230mm　1/32　　印　张：11　　字　数：250千字
版　　次：2021年4月第1版　　　　　印　次：2021年4月第1次印刷
京权图字：01-2021-1094
书　　号：ISBN 978-7-5217-2868-2
定　　价：58.00元

版权所有·侵权必究
如有印刷、装订问题，本公司负责调换。
服务热线：400-600-8099
投稿邮箱：author@citicpub.com

前言

我们虽然生活在同一个世界,但是每个人都有自己的生活轨迹。生活千差万别,而每个人都有自己的故事脚本。我是一名在大学附属医院精神健康科工作的医生,在诊疗室里,我接待了上万名病人,倾听了他们的故事。我发现现实中真的有这样一群人,他们的生活比电影更"电影",故事比电视剧还能吊足人的好奇心。而且我发现,所有故事的中心都有一个内核——"一颗高度敏感的心"。哪怕只是一件很小的事,也能让他们变得敏感,没办法"过去就过去了"。

我还遇到了一些人,虽然他们并非我的病人,而且都在各自的领域取得了卓越的成就,但我惊讶地发现他们当中绝大部分都是"高敏感人群",而且他们也都饱受"敏感"之苦。如果说有区别,那就是后者已经掌握了控制自己敏感情绪的方法。

"高敏感人群"不论是成功也好,平凡也罢,也不管是否接受了诊治,他们在待人接物中总是很敏感,把自己搞得很疲惫,活得也比一般人更辛苦些。

很多人问我:"有什么书能够帮到这些高敏感人群?"他们纷纷让我推荐一些书给自己或者家人看。我也浏览了很多书,感觉绝大部分都仅仅停留于煽情的阶段,并没有多少实际帮助。而那些从美国、欧洲、日本等国翻译引进的书大部分又不符合韩国人的情感需求。

因此我动笔写了这本书,它就像有一个人坐在你身边娓娓道来,用有趣的故事来抚慰一颗颗高度敏感的心。本书没有收录那些症状严重的案例,对象仅限于我们身边随处可见的高敏感人群。在40个访谈案例中,女性的比例要明显高于男性,这是因为在人际关系处理上女性要比男性更敏感,更费心思。

也许有的读者读了这本书,觉得书中的内容与自己完全无关,却能让自己想起身边有很多人确实比较敏感。那么相信本书也可以帮助读者更好地理解他人,处理与他人之间的关系。

每个人的具体情况不同,有需求的朋友应当与精神健康科的专业医生预约访谈,接受诊治。我拜托大家千万不要仅凭阅读了本书,就进行自我诊断。我写这本书的初衷是希望大家能够用更广阔的视角去观察自己、配偶、朋友、家人的敏感问题。

我在此声明,书中所出现的案例并没有特指某人,为了帮助读者更好地理解，我叙述的时候也经常是综合多个案例于一个故事中。案例中所使用的人名也均为化名。

在这里我要向我所就职的三星首尔医院与成均馆大学的所有人员，以及中央心理分析检查中心的工作人员，我研究小组的研究员表示诚挚的谢意。我也要感谢河智贤、徐天锡两位教授在本书正式出版之前，为我审读文稿并欣然撰写了推荐语。还要感谢韩国书坛出版社李恩惠主编的帮助，如果没有她，这本书恐怕根本无法问世。

我希望接受过我诊治的患者及其家人都能够健康幸福，也期待本书对那些性格敏感的朋友有所帮助。

最后我还要向我的妻子与两个女儿表达最诚挚的谢意。

2020 年 7 月
全弘镇

目录

CHAPTER 01 敏感的人大多因为内心有伤

1. 走进精神科的患者　　002
2. 被压抑的心理创伤　　009
3. 只有自己知道的隐形创伤　　013
4. 敏感要有度，不能超过底线　　018
5. 童年经历的影响　　024

CHAPTER 02 把敏感变成优势

1. 史蒂夫·乔布斯与密集恐惧症　　034
2. 艾萨克·牛顿与神经衰弱　　039
3. 温斯顿·丘吉尔与"黑狗"　　043
4. 舒曼与精神分裂　　047
5. 泰格·伍兹与易普症　　052

CHAPTER 03　31 位来访者与医生的心理处方

1. 高敏感人群　　　　　　　　　　　　　058
2. 总是想起丈夫做过的对不起她的事　　　062
3. 情绪波动大，跟任何人都合不来　　　　067
4. 怀疑同事们都在议论自己　　　　　　　074
5. 总觉得自己得了大病　　　　　　　　　078
6. 精力过盛引来的祸端　　　　　　　　　083
7. 由一件小事触发不愉快记忆　　　　　　087
8. 不会变通的人　　　　　　　　　　　　091
9. 锁门强迫症　　　　　　　　　　　　　095
10. 飞机恐惧症　　　　　　　　　　　　100
11. 对上级的恐惧　　　　　　　　　　　104
12. 想要获得所有人的认可　　　　　　　107
13. 一到考试就拉肚子　　　　　　　　　110
14. 听不得批评的固执男　　　　　　　　114
15. 稍有不顺就想到死　　　　　　　　　117
16. 永远达不到父母的优秀　　　　　　　123
17. 依赖安眠药入睡的女人　　　　　　　128
18. 是记忆力下降还是老年痴呆　　　　　132
19. 注意缺陷多动障碍　　　　　　　　　136

20. 陷入心理创伤的泥潭 140
21. 不被理解的产后抑郁症 146
22. 没人关注点赞就焦虑 153
23. 晚上必须得大吃特吃才舒服 157
24. 驾驶恐惧症 162
25. 总是怕麻烦人 166
26. 无缘无故头晕 169
27. 被学渣儿子气到失忆 172
28. 被查出乳腺癌以后 176
29. 不明原因的牙疼 178
30. 对楼层间噪声格外敏感 182
31. 新型冠状病毒肺炎疫情导致的忧郁 186

CHAPTER 04 停止内耗，善用敏感

1. 因敏感而成功的餐饮店老板 193
2. 摆脱酗酒父亲的阴影，走向成功的社会工作者 197
3. 战胜死亡冲动的基金经理 202
4. 克服舞台恐惧症的大提琴手 207
5. 战胜抑郁症的公司负责人 210

6. 战胜视线恐惧症的老师　214
7. 克服酒后失控的餐馆老板　218
8. 四次元思路让她当上了作家　222
9. 战胜厌食症的饰品店老板　226

CHAPTER 05

管理敏感的 16 条法则

1. 通过练习管理敏感　232
2. 打造良好的表情和语气　235
3. 摆正头部，会给人舒适感　239
4. 照顾一下敏感的肠胃　243
5. 让身体完全休息下来　246
6. 给自己找一个安全基地　250
7. 与人交往大而化之　254
8. 每天在固定时间起床　257
9. 建立成熟的痛苦防御机制　262
10. 明确自己喜欢什么，讨厌什么　271
11. 多在家人身上投入时间　274
12. 不要被过去记忆中的情感操纵　277
13. 担心未来没有用，活在当下吧　279

14. 构筑牢固的人际关系网   281
15. 不要制造敌人   283
16. 把敏锐的感觉转移到无关紧要的地方   285

CHAPTER 06 整理忧虑、整理人际关系

1. 忧虑可以分为四类   288
2. 让自己舒服的人 & 不舒服的人   295

CHAPTER 07 多余的精力，要用对地方

1. 敏感大多源于多余的精力   304
2. 从精神压力到生病   306
3. 精力有限，高效使用   310

后记   319
附录   321
注释   333

CHAPTER
01

敏感的人
大多因为内心有伤

1. 走进精神科的患者

我是一名医生，主要诊治的对象是抑郁症患者。很多人问我，整天与抑郁的人打交道心情如何，其实我在工作中自己感觉抑郁的时候并不多，这不是因为我的意志多么强大，而是因为我发现病人的症状虽然大体相似，都是心情抑郁、失眠、不安、焦虑，反复出现死亡的想法，但他们的情况并不相同。他们的故事往往把我也带到了他们的过去，让我产生一种跟他们有同样经历的错觉。就是这种"同步化"（synchronization）让我与他们产生了共情，进而找到了治愈的切入点。

很多时候要想找到一个能够切实帮助病人的方法，首先要说服他本人及他家人才行。这时候遇到的最大问题就是他们虽然来到了精神科，但大部分并不认可自己是一名病人。即使被诊断出抑郁症，他们多半也不承认自己是抑郁症患者：很多明显表现出阿尔茨海默病症状的老奶奶坚持说自己不是老年痴呆；有的患者明明试图自杀，但仍否认自己有自杀倾向。因此他们虽然接受了检查，但并不相信医院的检查结果。

令人吃惊的是他们对"性格有些敏感"这一点却丝毫不否认。"敏感"这个词在英文中是"sensitive"，就是对外部刺激反应敏感的意思。"Highly sensitive persons"（HSP）翻译过来就是"高敏感人群"，这并非医学术语，也不是一种疾病的名称。2006年艾伦博士[1]提出了一个定义，认为HSP是"容易体会到外部刺激的细微差异，神经系统对刺激性环境过度敏感的人"。

"高敏感人群"在普通人中也很多。如果你问对方是否性格敏感，很多人都会认为自己属于这个范畴。根据艾伦博士的研究，人群中15%—20%的人都具有这种特点。女性的数量要高于男性，得抑郁症的人也不在少数，但遗憾的是这方面还没有特别显著的研究成果。

我对"高敏感人群"产生兴趣，始自我在波士顿进修。当时在美国，以中国人、韩国人为首的亚裔移民数量迅速增加，在波士顿留学的东方学生大多在大学或跨国企业里从事实际研究工作。当时发生了一些由于亚裔难以适应美国文化而引发的事件，让学校不得不开始关注文化差异引发的抑郁症方面的研究。

我从2012年至2014年在哈佛大学附属的马萨诸塞州综合医院（MGH）的抑郁症临床研究中心（DCRP）进修。2012年夏天，当我在MGH进修时，韩国歌手鸟叔和他的骑马舞风靡全球。在美国小学的教室里，只要一休息学生们就跳骑马舞。最新的三星智能手机也刚刚问世，几乎每辆公交车上都是三星的广告。再加上CNN（美国有线电视新闻网）连日报道朝鲜核武器开发的新闻，哈佛也突然开始关注起韩国来。哪怕是第一次见面的美国人，只要和对方聊这三个话题，很容易就能说到一起。可见如果想跟一个陌生人混熟，找到共同话题是非常重要的。

这是我第一次长时间在国外生活，此前只是短时间出国参加过学术会议。虽然学过很多英语的医学术语，但是日常对话中却没怎么说过，用英文发表论文的经历也屈指可数。在MGH工作时需要将研究内容制作成PPT，当众发言，然后再组织讨论。

我过去所学的英语都是以阅读理解为主，现在却要在外国人面前用英语发言，其难度可想而知。开始时，我每天大脑里一片空白，每个月发言的日子临近时我都恨不得逃之夭夭。现在如果用我的研究成果想一想，美国人可能并未读懂我当时慌张的神色。随着时间的流逝，我的发言也越来越娴熟，甚至后来发言到一半还可以开个玩笑。

包括戴维·米谢林教授在内，我所熟悉的教授们都用我能够听懂的很慢的语速向我提问，反而是一位不太熟悉的印度朋友，用带着印度口音的英语以极快的语速向我提问，搞得我非常狼狈。演讲结束后，米谢林教授安慰我说自己也听不太懂他的问题。后来慢慢地我的心态就放平了，虽然他的印度口音还是让我很头疼，但是我已经开始能够听懂他的英语了。

我承担的第一个项目是比较韩国与美国抑郁症患者的症状。韩国的抑郁症患者通常会表现得对健康过度忧虑、体重减轻、焦虑、失眠，这些症状出现的频率明显高于美国人（见图1）[2]，而认为自己有罪，所以心情非常抑郁的患者比例较低。韩国人如果得了抑郁症，身体就会敏感地出现相应症状，事实上也的确会发生身体上的变化。相形之下，韩国人对自己心情变化的识别能力则比较低下。

我在治疗过程中发现，很多患者由于得了抑郁症，变得敏感，导致体力下降，但他们意识不到这是自己心情不好导致的。他们大部分都是在医院所有科室做了一大圈检查，确认身体没有毛病之后才来到精神科接受诊疗。韩国人通常是因为自己太敏感所以变得焦虑，由于焦虑不安而心跳加快，然后就跑去检查心脏、肺，还要做脑部磁共振成像（MRI）检查，如果这些都没问题才会考虑是不是自己过于敏感了。而美国人通常能很好地区分自己的心理症状，如果觉得自己抑郁、敏感，首先就会想到抑郁症。

有人认为韩国人是因为经常抑郁，才无法区分自己的心情是否抑郁，但我并不这样看。根据杰克等人（2012）[3]的研究，不同文化环境中的人们，面部感情表达也不同。人类有6种基本感情状态：高兴、惊讶、恐惧、厌恶、生气、伤心，跟西方人比起来，东方人比较内敛，这些心情靠面部表现难以严格区分，经常是重合在一起的。不仅韩国这样，东方人整体上都难以区分自己的心理状态，比西方人的感情表现要少。

韩国人的特征是如果得了抑郁症，从他们脸上很难看出喜怒哀乐，人们对自己心情的认识又不到位，反而身体上的感觉比较明显。他们对身体健康格外重视，因为担心身体健康，对身体上感觉的变化就格外敏感，由此导致心跳加快、呼吸困难、手抖等症状出现，进而又加重身体的敏感性。

我在MGH的抑郁症中心参观患者的诊疗过程，发现有一点很有趣：美国的抑郁症患者大多比较肥胖，食欲增加，经常倾诉自己心情抑郁。而韩国的抑郁症患者则大多瘦弱，身体感觉格外敏感。我一直很纳闷为什么会出现这种区别，看了不同国家的研究结果，我的疑虑被解开了。

跟其他东方或西方国家相比，韩国人大部分是忧郁型抑郁症（melancholic depression）[5]。这类抑郁症的特点就是非常敏感，但是无法感知自身的情感。（见表1）。

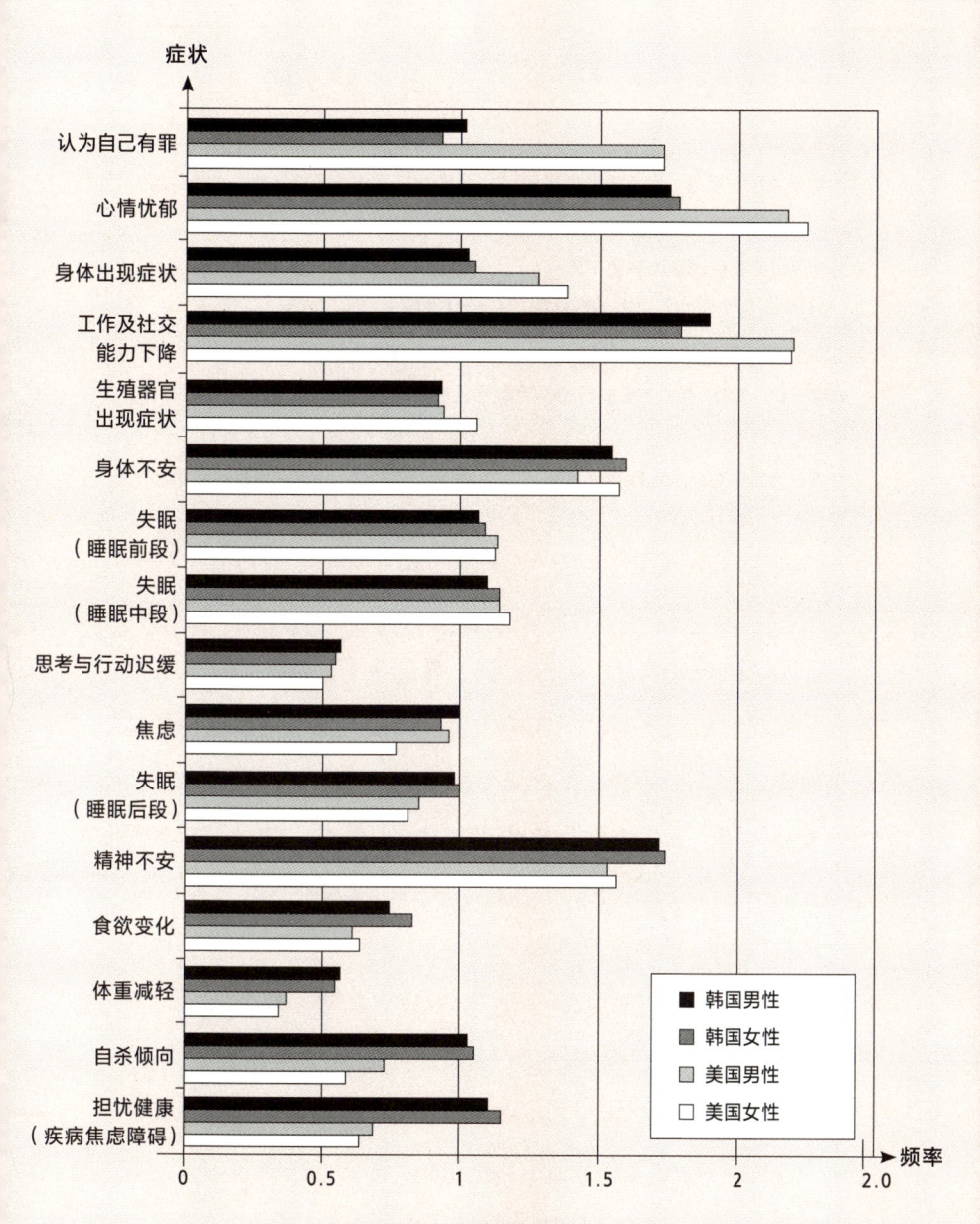

图 1 韩美抑郁症症状比较 [4]

忧郁型抑郁症	一般抑郁症
• 无法感知快乐 "我始终快乐不起来，以前觉得挺快乐的事，现在觉得毫无意义。" • 出现严重的食欲减退与体重下降 "3个月内我瘦了5—10千克。我甚至误以为是癌症或其他疾病导致的。" • 非常不安、焦虑，坐立不安或行动迟缓 • 早醒 • 早晨、清晨所有症状表现更为显著	• 诉说自己心情抑郁及欲望下降 "我心情好悲伤。我总是哭。我什么也不想做。" • 体重减轻或上升。多为食欲不振或食欲暴增导致 • 坐立不安或行动迟缓 • 入睡困难，易醒，早醒 （即使睡着了也感觉像没睡着） • 整天心情抑郁，不会在早晨特别显著

表1 忧郁型抑郁症与一般抑郁症比较

通过对抑郁症的分析不难发现，韩国人有一种特点——高敏感性，由此导致很多身体症状的出现。韩国人这种高敏感性的特点在政治、经济、社会、文化上有优势，也有劣势。在我看来，成功发挥韩国人高敏感性优势的有：在女子高尔夫领域包揽各种大奖，创作出优秀的电影、电视剧、歌曲，以及制造出了半导体、小汽车这些灵敏的部件及机器。但与此同时，过于敏感也会导致社会矛盾突出、自杀率居高不下、失眠现象普遍等等。

为什么韩国人比其他国家的人更敏感？这很难给出准确答案。首先我们看到同为东亚国家的日本、中国、韩国都具有这个共同点——敏感。其次，韩国经历了被日本殖民、朝鲜战争等，这些都内化成国民的心理创伤，进而影响了韩国人的心理。[6]

2. 被压抑的心理创伤

"心理创伤"（trauma）指人们直接经历或现场目击了真实或具有威胁性的死亡、严重疾病，也可以是经历了对自己及他人身体、物理上构成威胁的事件之后，心理上所受到的创伤。简单来说，就是指由一些带来精神冲击的事件所引起的心理伤害。

任何人在生活中都有可能遭遇意想不到的心理创伤。它们可能来自童年的生活环境、与父母的关系，也可能是遭遇了某种变故，或经历了一段不寻常的人际关系。个人对心理创伤严重性的感受程度并非客观，而是主观的。每个人的主观感受不同，同一件事有的人可能觉得没什么大不了的，很轻易就置之脑后，而有的人则会认为事态很严重。敏感的人即使遭受轻微的心理创伤也会觉得问题非常严重。

有些发生在童年时期的心理创伤，即使当事者长大成人，已经忘了发生过这件事，但还是会影响他的言行举止，当他面临重大抉择时会左右他的选择结果。比如说，有人小时候曾经掉到水里差点被淹死，他长大成人后对当年的事虽然没什么记忆，但仍然十分抗拒游泳，也不喜欢去海边。有人曾经被狗咬，本人记不住了，只有家人知道这件事，但他长大后却始终不敢接触狗。

还有一些心理创伤并不一定要本人亲身经历过。比方说，通常大部分人看到老鼠、蛇、蜘蛛都会吓一跳，感到恐惧，这种反应是人类共通的。当然也有人完全不惧怕这些动物，但这种人并不常见。事实上，被老鼠或者蛇咬过，接触过蜘蛛毒液的人少之又少，为什么仍有这么多人对这些动物如此恐惧呢？

法国针对1357名3—11岁的儿童开展过一项研究，随机展示"蛇""宠物""表情符号"，询问他们对哪个更害怕。[7]结果显示，孩子们基本上都害怕那些牙齿锋利、呈三角形的蛇、宠物和表情符号。他们恐惧的不仅仅是蛇这样的动物，他们看到尖锐的石头也会感到恐惧。如果把圆形笑脸表情符号改成长着三角形锋利牙齿的表情符号，孩子们也会感到害怕。

这说明他们天生就知道三角形尖锐的东西会对自己造成伤害。令人惊讶的是，现实中蛇的头如果是三角形，那多半是毒蛇。如果将图片中蛇的头部改成圆形，蛇的牙齿也画得比较圆润，那么孩子们就不会再感到恐惧。即使孩子们并没有亲身经历过，也会害怕动物图片或者三角形表情符号，这恐怕是人类千百万年来进化的结果，已经内化在遗传基因之中了。因此，给孩子们看的漫画主人公几乎都是非常圆润的形象。

我们的心理创伤大体可以分为三种：未曾经历过但先天具有的、经历过但记不住的、经历过并能够记住的。我研究过究竟哪一种会引发严重的心理焦虑，我特别好奇敏感的人常常会经历的"焦虑发作"（anxiety attack）与心理创伤的关系究竟是怎样的。所谓"焦虑发作"，指的是一种令人无法忍受的严重焦虑突然涌上心头。研究显示，5.88%的韩国人经历过"焦虑发作"。[8]与那些经历了严重的心理创伤后出现"焦虑发作"的人相比，反而是并没有什么特别的心理创伤记忆而经历了"焦虑发作"的人自杀倾向更强烈，这一点很让人吃惊。

没有心理创伤而经历了"焦虑发作"的人可以看成是将记不住的心理创伤压抑到了潜意识之下。他们表示，自己通常无论如何都想不明白自己为何焦虑，越是努力回忆就越是焦虑。很多时候，家人说他曾经历过大的事故，而本人却毫无记忆。像这样被压抑到潜意识之下的记忆诱发了焦虑的发作，进而导致神经症的产生，这与弗洛伊德的理论不谋而合。

神经症，英语为"Neurosis"，德语为"Neurose"，后者指人在内心产生矛盾或处理外来精神压力的过程中，表现出心理紧张等症状。也就是说被压抑的心理创伤最终会导致神经症。当然了，该病的诱因也并非全都是心理创伤，也有个人因素或家族遗传因素的作用。这些人也大多具有性格脆弱、无法承受较大心理压力的特点。

　　我对记忆、心理创伤与童年经历对一个人成年后的抑郁症、焦虑、敏感性所产生的影响非常感兴趣，十分渴望把它们之间的相互关系研究透彻。研究心理创伤时，优点是可以用问卷调查进行一一确认，缺点是受访者只回答他们的主观感受，并不具备客观性。而且有些人根本记不起自己所受过的心理创伤，他们的回答就更不足以采信了。因此，要将那些心理创伤的范围缩小到"确实经历过、可以得到客观确认的"，才能够得出更为准确的研究结论。综合这种研究结论与名人案例，我们就可以分析出心理创伤是如何让他们变得敏感，又是如何影响了他们的人生。

3. 只有自己知道的隐形创伤

　　一个人童年时期所经历的心理创伤对成年后究竟会产生什么样的影响？根据现有的研究成果，童年时期的心理创伤通常被分为一般性心理创伤、身体虐待、性虐待、忽视与情感虐待等。患者成年后，童年的心理创伤可以进一步导致抑郁症、焦虑症、恐慌障碍等。[9]

　　在研究童年心理创伤的过程中，我认为有必要与先天性面部畸形研究者合作。先天性面部畸形是指从出生至成年后接受手术为止，一直存在的面部畸形。我十分有幸地与一支免费治疗先天性面部畸形的专业医疗队伍共同进行研究。

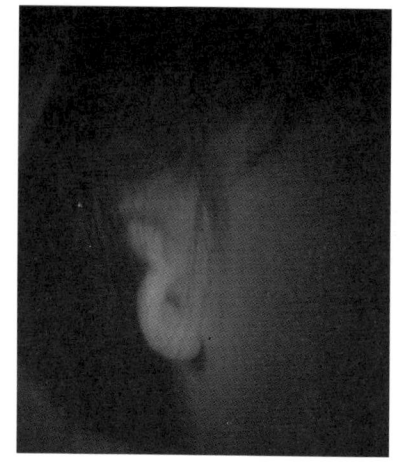

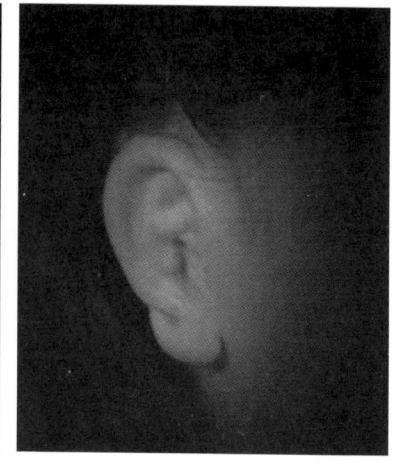

图 2 先天性小耳症病例　　　图 3 先天性小耳症手术后

在我所接触过的先天性面部畸形患者中，有小耳症、大型色斑、血管瘤、纤维瘤、唇裂、咬合不正、眼睑下垂。我和这些患者进行了交谈，他们坦言基本都曾因为外貌导致心理压力过大，也有过交友困难的经历。有的人因为年幼，还不能接受手术，有的人则因为经济困难直到宽裕后才接受手术。

在我看来，排除经济上的原因，很多患者都应该更早接受手术。与他们谈话后我发现，有的人善于聊天，眼神交流也没有问题，但另一些人看起来有些抑郁，独自一人过着孤单的日子。前者通常上学、上班跟普通人没什么两样，后者却几乎没什么社交活动。

我设计了一个对照组，将对照组的人群与先天性面部畸形患者放在一起做比较研究。[10] 这个对照组的人群为"没有任何先天畸形，出于其他原因接受整形外科手术的患者"。他们要在手术之前来医院做一个精神医学的评估，手术后再对他们的精神状态做评估，我们对前后评估结果进行比较分析。

有趣的是，先天性面部畸形患者有一半在生活中一直都是掩盖特殊部位的，另一半则对自己的缺陷毫不掩饰。他们掩饰的方法有用头发遮住，用口罩、帽子等巧妙地将畸形部位掩盖住。他们从小上学或出门就这么做，对此非常熟悉。而那些不做遮掩的人基本都是源自父母的教导。他们的父母、兄弟不会介意他们暴露，让他们自然而然地露出面部。有人曾试图留长发遮住脸部，但父母还是把他们的头发剪掉，不让他们遮挡。虽然也被同学们嘲弄过，但他们大大方方地说明情况，朋友们基本也就都能接受了。

遮住面部的人，通常都长时间生活在担心自己的面部畸形暴露的忧虑之中，性格随之变得敏感而尖锐。这种反复出现的慢性心理创伤让他们形成了否定自我型人格，患上抑郁症的概率是对照组的7.1倍。他们更容易出现慢性焦虑、自责、不满、疾病焦虑障碍、体重减轻，性格上更倾向于自我否定。因此在人际关系上不够和谐，更习惯于一个人生活。

研究中，我认识了权夏天——一位先天右耳上软骨发育不良的患者。他从小就留长发，将右耳盖住。他说自己经常担心风把头发吹开，露出耳朵，不过这种情况并不经常发生。他也承认，自己的心情总是战战兢兢的，跟朋友说话的时候也难以注视对方的眼睛。

权夏天的手术是在整形外科做的。医护人员首先用电脑对左耳进行测量，掌握他正常耳朵的各种数据，然后向右侧耳朵里注入空气使其膨胀，打造出放置软骨的空间。然后取下他一部分肋骨，按照左耳模样做成右耳骨，最后将其放进他右耳软骨的位置，让左右耳形状一样。

手术非常成功，左右两耳一模一样，无论是医生还是患者以及患者家属，都难以分辨哪边是做过手术的。耳朵的功能也没有任何异常，权夏天本人对手术结果也非常满意。术后，权夏天和父母一起去理发店，将留了多年的右侧长发剪掉，痛痛快快地露出了右耳。他决心上学的时候再也不遮挡右耳了，再也没人能对他的耳朵说三道四了。但是他与朋友聊天的时候，还是觉得不舒服，他羞涩的性格不是马上就能转变的。他总是照镜子，他觉得自己右耳下面有些凹陷，还是跟左耳不一样。虽然父母说使劲看也看不出有什么不一样，但他并不这么认为。最终他还是选择留长发将右耳盖住，觉得盖住了心里才舒服。

后来经过多次谈话、各种治疗，我们终于让权夏天放弃了对耳朵的执念，也开始和朋友们正常相处了。我们采取了强制措施，不让他再留头发遮挡耳朵，权夏天逐渐适应了新情况，也找回了自信，接受了把耳朵露出来。我们花了几年的时间才让他重新开朗起来。

大家不妨把自己代入这个案例去设想一下，可能很多人的内心深处都藏着一个只有自己知道的创伤。当这个心理创伤长久地停留在心里,就会把自己弄得非常敏感,让自己对步入社会充满恐惧。只有勇敢地暴露自己,接受他人的帮助,才能让自己迈向一个崭新的世界,拥有健康的精神生活。

4. 敏感要有度，不能超过底线

大脑是承载心灵的器官，人类无数的情感与想法都是通过大脑的神经元网络感知的，数万亿个神经元聚集在一起，构筑了人的心灵。随着时间的流逝，一些不再重要的神经元就会被忘却从而消失，相反那些与反复出现的经历或强烈的与心理创伤有关的神经元却会被不断强化，变得越来越坚韧。有这种经历了反复过程打造的"高敏感大脑"，就会产生"高敏感人群"。

我们大脑中不同的部分肩负着不同的功能，它们分工协作，调节人的敏感性。大脑中有一个部分叫"边缘系统"（limbic system），被称为情感与记忆的大脑（见图4）。它负责人类的记忆、情感、学习、梦境、集中力、悟性、喜怒哀乐的表达，维持内部平衡，掌管并调节着人类本能的欲望，如饥饿、口渴、对药物的依赖等。[11]

人脑中的海马体负责人类的短期记忆，它就属于边缘系统；负责调节睡眠、食欲、性欲的下丘脑也属于边缘系统。边缘系统与额叶相连，人类本能的冲动与记忆由边缘系统制造出来，大部分被额叶压抑住。正是因为有了额叶，人类才表现出与动物的明显不同——具有压抑本能冲动的能力。

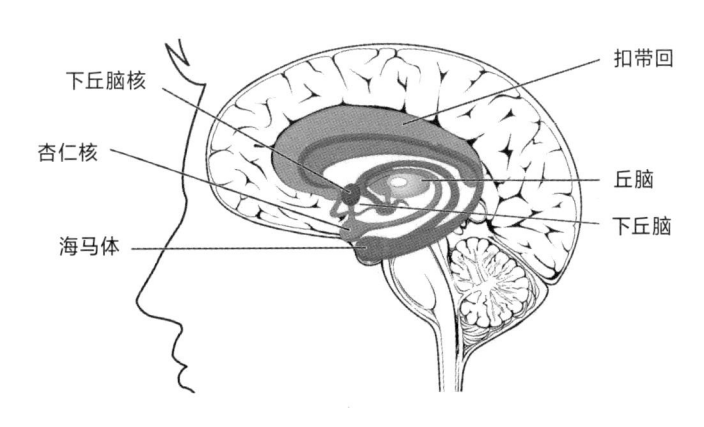

图4 大脑的构造与边缘系统

童年记忆影响着额叶与边缘系统的发育。童年时遭受过虐待、被放任不管的人，额叶与边缘系统的发育容易产生问题。特别是小学低年级阶段，这是制造感情的边缘系统与额叶发育的成熟期，这一时期的家庭环境是维持一个人安全感的基础。[12]

额叶负责语言、感情与逻辑思维等，是进行判断的地方，相当于我们人类社会里的法院。有时边缘系统想表达一些乱七八糟的感情，额叶就会努力将其压制下去。"酒"是维持额叶功能的头号敌人。如果饮酒过度，酒精就会让额叶的功能暂时麻痹，理性被抑制，边缘系统的冲动就会上升为人的意志，让人按照本能行动。有的人喝了酒，额叶的功能就会显著降低，他们酒后犯错的可能性会非常大。

开车的时候被追尾，如果未系安全带导致额头撞击车窗，那额叶很容易受伤。这时如果受伤的是眼睛周围的眶额皮质（orbitofrontal cortex），感情的起伏就会非常明显，人的攻击性与冲动性都会增强。相反，如果是内侧额叶皮质（medial frontal cortex）受了伤，人就会变得什么都不想做，伤口也不清洗，整个人就像得了抑郁症似的。

杏仁核对学习、记忆恐惧具有重要作用。比方说，如果一个人遭遇了一次大的事故，其记忆可以维持很久。这是由于杏仁核刺激海马体，将短期记忆转化为长期记忆的缘故。如果杏仁核一直刺激下去，人就会变得敏感，那些坏的记忆就会变得更为栩栩如生。比方说，一边挨打挨骂，一边学习，在杏仁核的作用下，不仅不会加强记忆，反而会因为应激创伤导致抑郁和焦虑。如果自己喜欢学习，即使杏仁核并不活跃，注意力也会更加集中，记忆效果也更好。

通过功能性磁共振成像（fMRI）可以看到人脑内部血流，相关研究表明非常敏感的人其大脑里感受情感的边缘系统也非常活跃。[13]当然了，高敏感人群的大脑不可能千篇一律，但有一点是共通的,那就是比一般人感情更为丰富,对感觉的感知能力更为敏感。

我们大脑的神经都是彼此相连的,神经末端是包括血清素(serotonin)、多巴胺(dopamine)、降肾上腺素(norepinephrine)在内的各种神经递质(neurotransmitter)。只有神经递质充足,且保持稳定状态,才能较好地调节敏感性。这三种神经递质分别负责心情、欲望、注意力,只有这些物质保持一个均衡状态,人的心情才会平静,记忆力、注意力等认知功能也才能正常发挥。(见图5)

与心情相关的最重要的神经递质就是血清素。血清素充足,人就会心情良好,还能提高记忆力、注意力等认知功能,紧张可以得到缓解,呈现一种比较舒心的状态。相反,如果血清素不足,人就会患上抑郁症或焦虑症,变得敏感起来。当然血清素也不是越多越好。血清素如果不能维持平衡,就会让人过于执拗,同一种想法反复出现,不安焦虑的症状会更加严重。

多巴胺是一种与"帕金森症"有关的神经递质。帕金森症的发病原因就是大脑中制造的多巴胺数量不够,临床表现为手抖,面部表情减少,走路不稳、前倾,仿佛随时会摔倒。普通人如果服用短期内切断大脑多巴胺的药物,也会出现这些症状。如果增加大脑中的多巴胺,就会让人心情愉悦,动作敏捷,因此很多运动员会偷偷服用含有多巴胺的违禁药物,以提升比赛成绩。但如果多巴胺过高的状态长期持续,人就会疑窦丛生。比如怀疑配偶有外遇,或者怀疑自己被偷窃财物,还有人会变得目光异常犀利,走路时如果周围有人喧哗吵闹,就感觉那些人都在辱骂自己,这

多巴胺

降肾上腺素

平衡
- 开心
- 真实感觉
- 肢体动作

失衡
- 疑心
- 幻觉
- 攻击性

平衡
- 专注力
- 精力
- 清醒

失衡
- 焦虑
- 失眠

平衡
- 心情好
- 认知功能
- 紧张缓解

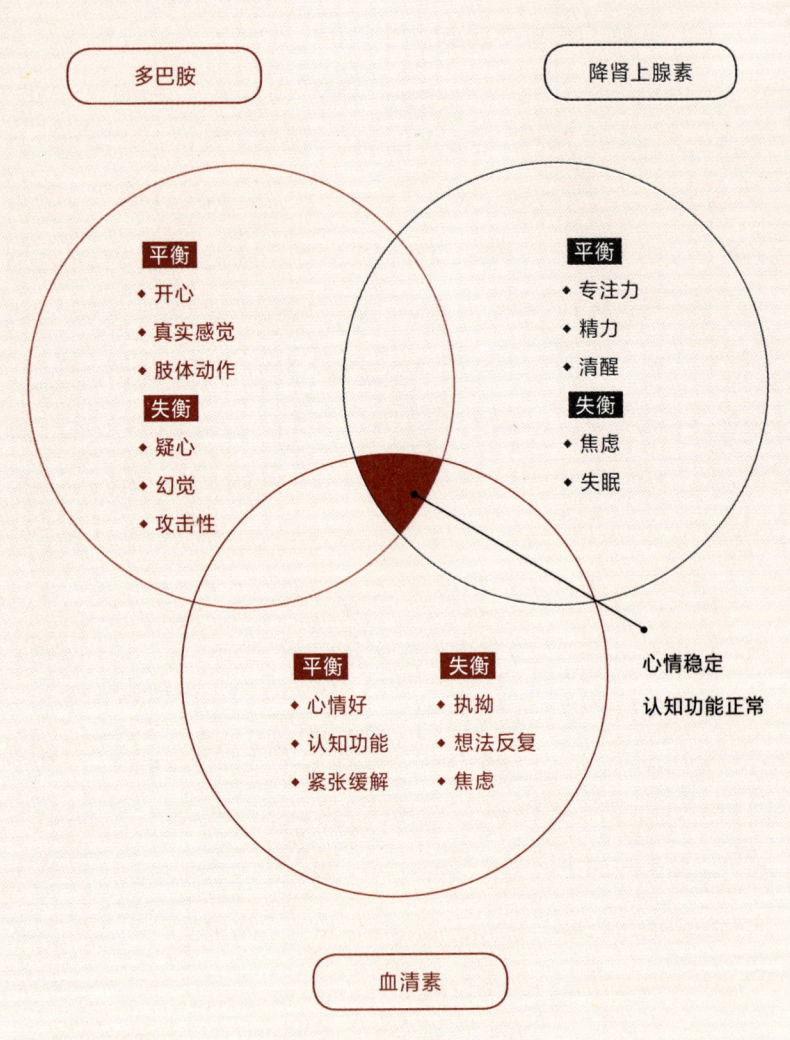

失衡
- 执拗
- 想法反复
- 焦虑

心情稳定
认知功能正常

血清素

图 5 大脑神经递质及其功能

被称为"牵连观念"（ideas of reference）。

降肾上腺素可以提升注意力，增加精力，让人心跳加快，增加心脏向外输出的供血量，感觉有一股热气从心口腾起，瞬间变得清醒、紧张。该物质如果过多，过度紧张往往会造成心脏狂跳不止，更加不安，无法入睡。会感觉喉咙被食物阻塞，无法正常下咽，所以也被称为"咽喉异物感"，这种病是由精神原因引起，即使做咽喉检查，也查不出什么异常。

神经递质保持平衡是非常重要的，如果太少就会导致人的心情低落，认知功能障碍，动作、睡眠、饮食都不正常，所有欲望都严重下降。特别是那些较为敏感的人，他们对这些变化的感受更为深刻。

"高敏感人群"如果变得更加敏感，紧张、忧虑、失眠，继而引发抑郁症，但是通过个人努力可以重新找回大脑的平衡。如果能够维持好内部平衡，他们就会有普通人不具备的洞察力，会更具有创意思维，也会成为一个乐于助人、富有同情心的人。

总而言之，与生俱来的"敏感性"需要好好调节，最重要的是"不能超越底线"。就像橡皮筋虽然可以拉伸，但如果拉伸过度就会断裂。在紧张之前，要先学会放松，学会放手。如果抑郁症或恐慌障碍发作，人就会变得更加敏感。通常来讲，抑郁症能降低额叶的功能，恐慌障碍会激活边缘系统，让人变得失控。为了我们身体里的敏感性不至于发展成病态，让我们听取一下别人的案例，进行一下自我调节吧。

5. 童年经历的影响

图片里的婴儿（图6）看见了什么？他在想什么呢？他拿着一个大大的勺子，是不是想吃点东西了？如果让你回忆一下自己的童年时光，估计大部分人只能回忆起幼儿园或小学。虽然也有人说他们能回忆起这之前的事，但大部分都是看到了自己小时候的照片而进行的想象而已。童年的记忆很多成人虽然已无法追忆，但当时与父母的关系、所经历的事故等"遗失的记忆"，会在潜意识中对成年后的行为与敏感性产生巨大影响。[14]

儿童的大脑将视觉、听觉、味觉、嗅觉、触觉五种感觉所得到的体验综合起来，形成了足以受用一生的新的神经网络。这个神经网让孩子开口说话、迈开腿走路，让他获得生存所必需的重要基本技能，还可以强化儿时的记忆，在不知不觉中影响他成年

图 6 思考中的婴儿

后的行为。神经网的形成在小学及以前最为活跃,但会一直延续到成年,以及老年以后。[15]

人类的大脑发育始于出生,到一周岁时最为活跃,最先发育的是感觉神经,之后是语言神经,高级认知功能的发育则一直持续到小学或初中阶段。图 7 显示幼儿从出生到一周岁期间,感觉、语言、高级认知功能依次发育的状况。一周岁是各种功能发育最为显著的时期。

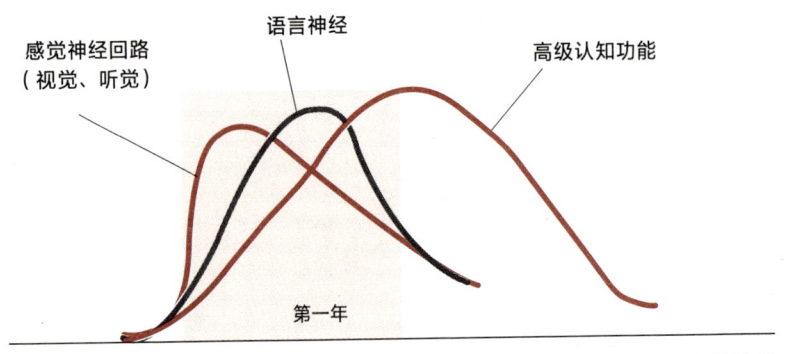

图7 大脑的早期发育[16]

人类的大脑并非生下来就已经发育完全，而是随着生活经历的丰富不断修正、不断变形。步入老年后，健康大脑的海马体不仅可以制造无数的新神经元，还可以制造出新的神经网络。[17]比如有人为了抗癌，大脑接受放射线治疗，海马体制造神经元的功能就会下降，导致刚发生的事情都想不起来。

我经常会遇到高敏感的人，我对他们的大脑构造非常感兴趣。他们的大脑与普通人有何不同，以至于表现得极度敏感？他们幼年期形成神经网络的过程中发生了什么问题吗？但是普通的脑部磁共振成像显示他们与普通人并无不同。磁共振成像可以精准地发现人的大脑外观发生了什么改变，但结果显示他们的大脑都是正常的。

为了研究大脑的差异，我将罹患抑郁症的人群分为有自杀冲动的严重患者群，以及没有自杀冲动的普通患者群，搭配了年龄、性别与之相匹配的正常人群作为对照组。[18] 在研究过程中，我遇到了金美淑。这是一位 52 岁的女性，从外表就可以看出她是一位极为敏感的人。她无法稳定地安坐下来，一直在那里察言观色，如果你注视她的双眼，她会立刻转头环顾左右。据说她每天都是凌晨 2—3 点才能入睡，睡着睡着会突然产生濒死感，或者不断产生强烈的恐惧，害怕自己再也无法醒来。

金美淑是一位家庭主妇，先生是一家公司的 CEO，儿子在读法学院，女儿也是大学生，经济上是非常宽裕的。但儿子无法适应法学院的学习，她自己也感受到了巨大的压力，随时都在观察儿子的表情，如果儿子稍微面露不悦，她就无法入眠。与之形成鲜明对照的是她对女儿却很少关心，女儿对她也极为冷漠。据说女儿的性格随父亲，开朗活泼，在朋友中人缘不错。

问题起源于有一天她先生喝醉了，很晚才回家。先生与以往不同，衣冠不整，口中说着："现在我也应该退下来了，公司出了差错，我得负起这个责任。"听了这话，美淑对丈夫的信任瞬间崩塌，突然感觉呼吸不畅，天旋地转，头晕目眩，差点晕倒在地。她觉得这样下去一天也活不了了。此后她整天待在家里，什么事情也不能做，一天到晚担心先生与儿子，人也变得抑郁，甚至产生了想死的冲动。

用磁共振成像观察大脑的形状，金美淑这样的抑郁症患者与其对照组的普通人并没有什么两样。为了找出她的大脑到底出了什么问题，我决心使用能够观察大脑神经网络连接状况的弥散张量成像（DTI）。弥散张量成像通过检测大脑中的水分子是否沿着神经向一个方向移动，从而确认神经网络连接是否出现了问题。[19]

该影像显示，有自杀冲动的抑郁症患者大脑额叶与边缘系统中的苍白球（pallidum）之间，神经网络的连接已经断了。相反，轻度抑郁症患者则显示与正常人没有什么差异（图8）。[20]我们推测，这是由于从边缘系统产生的自杀冲动与敏感无法在额叶得到

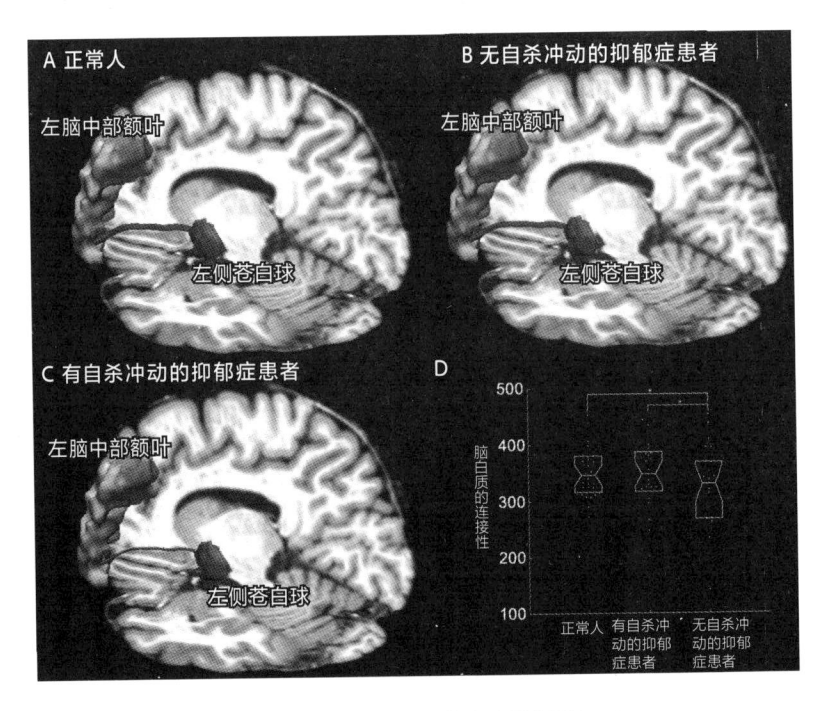

图8 抑郁症患者的弥散张量影像研究

有效调节的缘故。得了抑郁症，额叶功能下降，因此对敏感的调节就会进一步失效。

据金美淑本人讲，她是家中长女，下面还有个弟弟，自己的母亲就非常敏感。母亲从外表看是一位很有修养的女性，但是私下里经常训斥她，她几乎感受不到母亲对她的爱。美淑经常因为小事挨骂，即便是弟弟学习不好或者做错了事，挨打受罚的也常常是美淑。因此，她从小到大一直活得小心翼翼。结婚后虽然与母亲分开，但是先生与儿子的表情稍有不悦，她童年的记忆就会浮现，她就会毫无理由地变得焦虑与敏感。

我们大脑中，负责促进神经网络形成的物质是脑源性神经营养因子（Brain-derived neurotrophic factor, BDNF）。这种物质有助于神经的生存，还可以起到修复神经损伤的作用。一个人如果小时候经历了反复的创伤，大脑中负责认识危险性的杏仁核就会变得敏感，激活感受危险的交感神经系统，使人陷入慢性紧张状态之中。这种现象被称为"威胁反应"（threat response），这时身体产生的肾上腺皮质激素就会增加，长此以往就会损伤大脑神经网络的形成。[21]

这里值得一提的是"恐惧的一般化"（fear generalization）。由于过去有过创伤经历，患者眼前发生的普通经历、事件、人际关系都会让他感受到威胁，因而更容易产生威胁反应。[22]美淑在生活中总是忧心忡忡，万事总是往最坏的地方想。开车的时候就想会不会被后面的车追尾，旁边的车会不会越过中间线与自己相撞，行人会不会从人行道上突然跑出来，甚至担心汽车会不会突然停下来不走，这种担忧没完没了，开车变成了她的一项负担。

美淑最终无力抵抗这些压力，患上了抑郁症。得病后，她每天失眠，总觉得"什么事也不干就睡觉，感觉就像在犯错，整天陷入焦虑之中，总是直到凌晨2—3点才能勉强合眼"。美淑的慢性紧张与焦虑也传给了儿子，儿子每次考试之前都会陷入极度紧张，上了考场学过的东西通通想不起来。

我让美淑努力回想，自己什么时候感觉最放松，一点也不敏感。她说那就是跟女儿在一起的时间。家里最无忧无虑、最正常的人就是她女儿。女儿决定每周末与母亲看一场电影，一起去超市购物。只有周末，美淑可以忘记先生和儿子的存在，集中精神享受与女儿在一起的时光。此后再问她感觉放松的事情是什么，她的答案变得丰富起来。不知不觉间，美淑又重拾自己的专业，还弹起了钢琴，与女儿一起学习普拉提。

先生与儿子呢，由于美淑不再对他们过分在意，他们反而感觉更自在了。我劝美淑，不要总跟先生和儿子谈论升职呀、成绩呀这类东西，找点其他的话题。她先生退休后反而更舒心了，还经常和美淑出门旅行。美淑最不在意的女儿成为照顾抑郁妈妈的中坚力量，是女儿让美淑找回了自我。

后来，美淑与自己的母亲平生第一次聊起了自己童年的事情。原来，她母亲丝毫没有意识到她那些年所受的苦。就像美淑自己也不曾意识到自己的所作所为对先生与儿子造成的压力一样，她母亲也认为自己只是对女儿要求严格而已。

  一个人儿时的经历以及与父母的关系，对降低人生中的敏感性非常重要。当然了，也不是说童年时未能形成良好的关系，就注定有个失败的人生。我们的大脑可以通过现在的美好记忆，形成新的神经网，治愈过去的伤痕，只是需要有足够的时间，付出足够的努力，去找到能够让自己感到舒心的人和事。如果你的职业、配偶、异性朋友、喜爱的书籍或者心理医生可以给你带来这种舒服的感觉，那是最好不过的。美淑就是通过女儿降低了自己的敏感性，同时帮助了家人。

CHAPTER
02

把敏感变成优势

1. 史蒂夫·乔布斯与密集恐惧症

《华尔街日报》有一篇文章是关于苹果公司前任 CEO 史蒂夫·乔布斯的,讲述乔布斯对纽扣、按钮具有难以克服的恐惧心理。[12] 这种心理疾病是密集恐惧症的一种,患者看到圆形的事物或圆孔就会感到恐惧,如果看到圆形的物体上有凹陷的孔就会感到极度不适,要是那些孔中再有圆形物体,他们甚至会痛苦得战栗,完全无法抑制自己。那些表面有小孔的纽扣,中间布满瓜子的向日葵花朵,丝瓜瓤之类的植物,或者皮肤严重龟裂的人,密集恐惧症患者看到了会瞬间浑身颤抖,感到恐惧袭来。

在史蒂夫·乔布斯开发出苹果手机之前,市面上绝大部分手机都是下方布满各种按钮的,比如黑莓手机。乔布斯摒弃了各种按钮,创造了触屏式智能手机,带来了手机的革命。他在介绍苹果手机的著名演讲中，详细介绍了自己为什么要舍弃按钮，简化当时流行的手机风格；为什么打造出智能手机。在演讲视频中，乔布斯身着圆领T恤，上面没有一粒纽扣。越是重要的场合，人的性格与取向越是会表现得淋漓尽致，他对服装的选择就很好地反映了性格的一个侧面。(图9)

我非常好奇，像乔布斯这样的天才为什么会患上密集恐惧症呢？其实这并非无迹可寻。让我们来重温一下乔布斯2005年在斯坦福大学毕业典礼上发表的那次著名演说吧。[3] 听着他本人的声音，我深受感动。油管上该视频的访问量高达3400万，他在演讲中从容地谈起自己小时候所经历的创伤与冲击。

2005年史蒂夫·乔布斯在斯坦福大学毕业典礼上的演讲(节选)

首先，我要讲讲那些串起我人生点点滴滴的故事。我在里德学院只读了6个月就主动退学了，但之后仍作为旁听生在那里停留了一年半才最终离开。那么我为什么要退学呢？这要从我出生之前讲起，我的亲生母亲是一位年轻的未婚研究生。为了我的未来发展，她希望为我选一对拥有大学学历的养父母。因此，我出生前她就为我找好了一户律师家庭，这对律师夫妇已经决定收养我。但我刚一出生，他们就反悔了，因为他们想收养一个女孩。而我后来的养父母当时也在收养名单上，于是

图 9 史蒂夫·乔布斯

他们在大半夜接到了电话,对方问道:"我们现在意外有了一个男孩,你们要不要收养他?"养父母当即表示同意。但我的养母并没有读完大学,养父甚至连高中都没念完。于是我的生母拒绝在领养同意书上签字。几个月后,养父母表示一定会送我读大学,生母才勉强同意了。

这就是我人生的开端,17年后我确实上了大学。但是我当时太天真了,居然选择了一所像斯坦福一样学费昂贵的学校。我的养父母只是工薪阶层,他们大半辈子辛苦存下来的钱都被我花掉了,6个月后我发现大学生活对我来说已经毫无乐趣可言,我不知道我真正想要什么,也不知道大学如何帮我找到答案。而我在这里上学,几乎花光了父母一辈子的积蓄。我相信一切都会变好的,于是下定决心退学。

虽然当时我也很恐惧,但事后证明这是我人生中最正确的决定。我退学后,不必再去学习那些我根本就不感兴趣的必修课,而是去旁听那些更加有趣的课程……

史蒂夫·乔布斯是一位未婚妈妈的私生子,他的亲生母亲名叫乔安娜,从小生活在一个虔诚的天主教家庭。母亲在威斯康星大学读研究生的时候,爱上了一个来自叙利亚的小伙阿卜杜拉·约翰·詹德利。当时詹德利是威斯康星大学政治系的助教,他与还是学生的乔安娜交往,后来二人有了孩子,但是乔安娜的父亲坚决反对，声称如果女儿与詹德利结婚就断绝父女关系。因为父亲的反对，二人无法结婚，于是决定找人收养孩子。乔安娜离开了威斯康星来到旧金山生活，并在此生下了乔布斯，此后乔安娜与詹德利再未见过乔布斯。

恐惧症或者慢性焦虑、抑郁症、神经症等通常与患者童年所遭受的创伤有关。[4]乔布斯的密集恐惧症很可能来源于对早年遭到抛弃的愤怒与恐惧，从而让他对象征母爱的圆形物体产生了恐惧心理。

"有一次有人告诉我，我是被亲生父母抛弃的，我哭着跑回家。我父母非常真诚地注视着我，告诉我说：'是——我们——特意——选择——了——你！'他们说这话的时候故意放慢语速，重复了几次，每一个单词都用力强调。因此我一直认为自己是个特别的人，让我产生这种感觉的人就是我的父母。"

乔布斯可以当众讲述自己的经历，足以说明他已经成功克服了自己的童年创伤，受伤的心灵得到了治愈。这使得他创造出了改变整个世界的苹果手机。他的成功不仅源于自身的天赋、美国社会的包容以及对创造力的尊重，还源于养父母为提升他的自信所做的努力，以及他们深厚的爱。

我常常想，如果乔布斯出生在韩国会怎么样？未婚妈妈的私生子、大学辍学，有了这些标签，他的天赋还能得到人们的认可吗？他身上的恐惧与愤怒，还能升华为创意无限的灵感吗？

2. 艾萨克·牛顿与神经衰弱

"站在巨人肩膀上的人"——这句话源自著名物理学家艾萨克·牛顿（1642—1727）（图10）。在谷歌学者搜索栏中，下面就写着牛顿的这句名言。另一个因牛顿而出名的就是苹果树的故事。有一天牛顿与朋友斯特克利正坐在苹果树下喝茶，牛顿看见苹果从树上掉下来，就发出疑问：为什么苹果不是朝上，也不是朝着两侧，而偏偏是向下掉落呢？由此他发现了万有引力定律。

但世人并不知道，创造了非凡成就的艾萨克·牛顿其实是一位非常敏感的人。牛顿于1642年出生于英格兰东部林肯郡伍尔索普庄园的一个农民家庭。在他出生前三个月，他的父亲就去世了，他是个早产的遗腹子。牛顿3岁的时候，他的母亲汉娜与一位叫作史密斯的牧师结婚，当时史密斯已经63岁，而汉娜30岁

图 10 艾萨克·牛顿

左右，因此牛顿不得不搬去与外祖父母一起生活。

牛顿很小就表现出卓越的动手能力。据说小学毕业时，他就亲手做出了能够运转的水碓。有一个小男孩嫉妒牛顿的才华，朝水碓扔石头，把它弄坏了。牛顿非常生气，狠狠地揍了他一顿。牛顿在剑桥大学上学时，还发明了便携的灯笼，极大地方便了剑桥学生们在天还没亮的时候去上课。

牛顿曾经的小学校长斯托克对牛顿的才华很是欣赏，亲自劝其母汉娜送牛顿上大学。汉娜一开始拒绝了，但经不住斯托克再三劝说，最终同意了送儿子上大学。于是牛顿得以进入剑桥大学三一学院。后来英国流行黑死病，[5]当年该病造成英国全境10万人死亡，剑桥大学也出现了死亡案例，牛顿不得不离开剑桥回到故乡伍尔索普庄园，全身心地投入他所热爱的研究。当再次回到剑桥时，他成了数学系教授。他研究出了微积分、物体运动三大定律、万有引力定律，通过棱镜研究光学。

牛顿于1693年和1703年两次患上严重的神经衰弱，睡不着觉，吃不下饭，表现出抑郁症和偏执症的症状。他将自己孤立起来，不相信任何人。他终身未娶。在剑桥大学的推荐下，牛顿成了国会议员，但他性喜安静，始终无法适应国会议员的生活。相传他在担任国会议员的一年间，唯一在议会说过的话就是对守卫说"请关门"。

牛顿的名言中，有这样一句话："我不知道世人对我有怎样的评价，我这样认为：我只不过是在海边玩耍的孩子，时而捡到几块莹洁的石子，时而捡到几片美丽的贝壳，并为之欢欣。那浩瀚的真理的海洋仍展现在我面前。"

这不正是牛顿身世的写照吗？作为遗腹子，他从未见过自己的亲生父亲，3岁时又不得不与母亲分开，想必曾经的他经常独自一人在院子里寻找漂亮的石头。他的童年创伤与高度敏感让他饱受神经衰弱与抑郁症的折磨，但同时也让他获得了不受包括父母在内的任何人干涉的创造力与想象力，这一切又让他最终战胜了神经衰弱。

如果小学校长斯托克没发现牛顿的才华，那他的创造力可能也就局限于捡几个鹅卵石，或找到漂亮的贝壳而已。如果按照他母亲的想法，做一个普普通通的农夫，不去上大学，他也绝不可能发挥出自己的才能。

3. 温斯顿·丘吉尔与"黑狗"

温斯顿·丘吉尔是英国第61、63任首相（图11），在第二次世界大战中，他凭借卓越的领导能力与罗斯福、斯大林等世界著名政治家周旋，引领英国走向第二次世界大战的最终胜利。丘吉尔曾自曝患有抑郁症，他一生都在努力战胜抑郁症，他还给自己的抑郁症起了个名字"黑狗"。对于抑郁症，他留下了一句名言："如果你感觉自己在走过地狱，不要停，继续前行！"

丘吉尔的父亲伦道夫·丘吉尔是英国最具声望的贵族家族丘吉尔公爵第八代传人，母亲是美国著名金融大亨沃尔特·杰罗姆的女儿。丘吉尔七个半月就早产出生，从小学习拉丁语、希腊语，但是考试成绩并不理想，经常受到父亲的责骂。当时他的评语上说他是一个"品行不端，不值得信赖的学生，没有上进心与野心，

图 11 温斯顿·丘吉尔（右一）

经常与其他学生打架,习惯性迟到,物品整理能力低下,头脑也不聪明"。

父亲伦道夫在 37 岁时成为下议院议长兼财政部大臣,因梅毒并发症得了精神病,饱受折磨后于 45 岁与世长辞。母亲珍妮在伦敦的社交界是个风流人物,各种桃色新闻不断。丈夫死后,珍妮嫁给了比自己小 20 岁的禁卫军上卫。

丘吉尔考了三次,终于进入了桑赫斯特皇家军事学院,毕业后成了一名随军记者。1899—1902 年他住在南非期间,参加了荷兰裔白人布尔人与英国人为争夺钻石与金矿而引发的英布战争,丘吉尔当了敌军的俘虏。但勇敢的丘吉尔夺取了一辆车,救了负伤的队友,之后在战俘营里破墙而出,步行 480 千米,成功逃出。这个经历就像好莱坞电影里的冒险故事,而他本人也成为英国人心目中的"国家英雄"。丘吉尔具有卓越的军事才能和不俗的写作能力,这让他成为一名成功的随军记者,辗转于各个战场,逐渐引人注目,25 岁时他成功当选英国下院议员,后来当上了财政部大臣,最终成为英国首相。

英国著名的精神科医生,也是精神分析师安瑟尼·斯托出版了一本名为《丘吉尔的黑狗》的书[6],讲述了丘吉尔与他的"黑狗"的故事。斯托说丘吉尔在 20 世纪 30 年代、1945 年、1955 年曾饱受抑郁症困扰。丘吉尔的朋友比弗布鲁克爵士也说,丘吉尔虽然有时看起来自信满满,心态平和,但转眼就会由于严重的抑郁症而心情跌落至谷底,这种事情经常发生。丘吉尔的父亲伦道夫就曾经反复发作抑郁症，神经系统梅毒又导致抑郁的症状更加恶化。丘吉尔在写给夫人克莱门汀·怀特霍尔的信中说道："如果我的黑狗回来了，我想这个家伙可能对我有用。"丘吉尔自述，每当抑郁症袭来，他就靠写作、画画来战胜它。他为什么觉得抑郁症可能会有用呢？也许抑郁症有助于他陷入沉思，写出更精彩的文章。

为了战胜与生俱来的抑郁症基因，丘吉尔还开启了升华、幽默等防御体系。晚年他整个心理世界崩塌，已经无法看书，也不能继续写作了。这个靠写作找回"不戴面具"的自己的人，当连写作也变得不可能时，他的痛苦与不幸的程度恐怕是我们常人难以想象的。[7]

丘吉尔1953年凭借《第二次世界大战》荣获诺贝尔文学奖，这本书是1946年他不再担任首相一职后开始写的。1951年丘吉尔再次出任英国首相。该书详细论述了第二次世界大战的起因与今后世界所面临的问题。他指出第二次世界大战虽然是希特勒和纳粹德国的扩张政策所导致的，但英国、法国的政客们也摆脱不了干系。丘吉尔批评这些政客，他们战前明知德国在做战争准备，却用和平的假象蒙蔽国内选民，一心只想得到选民手中的选票。

每当抑郁、敏感发作的时候，丘吉尔就通过画画、写作调节自己，让抑郁症成为自己进行深度思考、提升创造性与观察力的动力。他象征性地把自己的抑郁症称呼为"黑狗"并公布于众，这也成为激励他战胜抑郁症，成就一番伟业的力量之源。

4. 舒曼与精神分裂

罗伯特·舒曼（1810—1856）是德国著名的浪漫主义作曲家、钢琴演奏家、音乐评论家，他的作品风格唯美。他本人与妻子克拉拉的热恋故事也举世闻名（图 12）。电视剧《冬季恋歌》中的配乐就取材于舒曼所作"童年情景系列"中的第七首《梦幻曲》。[8]只要那个音乐一响起，估计所有人就都心领神会了。我请大家听着《梦幻曲》和《降 E 大调钢琴五重奏》继续阅读下面的文字。相信大家一定会沉浸在舒曼创作的唯美旋律中，感到心神安宁，内心升起无限的温柔。

舒曼一生创作的作品中，最唯美、最出名的一首就要数《降 E 大调钢琴五重奏》[9]了，这是最早的钢琴五重奏作品。这首华丽轻快的曲子让本已疏远的舒曼夫妇再次重归于好。它创作于舒曼

图 12 舒曼（右上）、克拉拉（左）、勃拉姆斯（右下）

患上严重的抑郁症之前的两年，也就是1842年。舒曼将这首曲子献给了妻子克拉拉，并由妻子首演。

舒曼的父亲是一位作家兼书商，知道年少的儿子要学习作曲，父亲积极为他创造了良好的教育环境。舒曼经常跟随父亲参加音乐会，树立了要成为钢琴家的理想。但在他16岁那年，父亲去世，家庭随即陷入困顿，无法让他继续学习音乐。母亲面对家道衰落的现实，担心儿子的未来，于是送他去莱比锡学习法律，但是舒曼对音乐的热情并未就此熄灭。而且舒曼由于外貌出众，当时在女性中获得了极高的人气。

舒曼在莱比锡拜著名钢琴教育家里希·维克为师，直接搬到老师的家里居住以接受钢琴教育。维克有一个小女儿，就是克拉拉。维克认为自己应该严格训练克拉拉，让她成为名人，那财富与名誉就会接踵而至。虽然克拉拉在当时的确很有名，也被称为钢琴神童，但据说除了钢琴演奏，她连语言表达都有困难。

克拉拉与天才演奏家兼作曲家舒曼逐渐产生了感情。舒曼由于练琴过度，右手第四个手指受了伤。维克见舒曼家里没什么背景，他的未来发展很不确定，手指又有问题，强烈反对他们的婚事。舒曼与冯·弗里坎男爵的养女艾尔奈斯蒂拉订婚，这让克拉拉非常嫉妒，最终舒曼悔婚了。

克拉拉18岁成人后，二人打算正式结婚，但维克强烈反对，无奈经过三年的法庭诉讼，最终于1840年，克拉拉21岁生日的前一天，二人终成眷属。三年后维克写信给女儿和女婿，表示原谅了他们。在经历了千辛万苦之后，卓越的作曲家舒曼与天才演奏家克拉拉终于走到了一起。

此后舒曼作的曲子越来越出名，克拉拉的演奏事业也蒸蒸日上。1843年二人被莱比锡音乐学院聘为教授。但是，更大的苦难也在等待着他们。舒曼患上了精神分裂，心情好的时候表现得狂躁异常，心情糟糕的时候又会陷入抑郁，病情反反复复。精神分裂让舒曼陷入严重的抑郁之中，无法自拔。

舒曼在与克拉拉结婚后的1840年和1849年精力非常旺盛，曾经一年内创作了20多首曲子，但是1844年却一首曲子都没有写出来。这一时期的他"极度神经衰弱"，可以断定他由于严重的抑郁症，整个人非常敏感。

舒曼被抑郁症、妄想症、幻听所困扰，1853年11月，他辞去了杜塞尔多夫交响乐团的指挥工作，养活七个孩子的重任一下子完全落到了克拉拉肩上，同时还要支付舒曼的治疗费用，生活非常艰难。这时著名的勃拉姆斯出现了，他非常年轻，比舒曼小23岁，比克拉拉小14岁，他的作品得到了舒曼的高度赞扬。

舒曼的精神分裂症越来越严重，1854年舒曼光着脚跑出了家，跳入莱茵河想要结束自己的生命，幸亏被附近的渔船发现，获救了。舒曼不想再成为家里人的负担，决心住进精神病院，最终于1856年7月29日死在了那里。

克拉拉在舒曼死后的40余年里，靠演奏舒曼和勃拉姆斯的作品度过余生。勃拉姆斯一直照顾克拉拉及舒曼的子女，终生未娶。克拉拉曾经婉拒了勃拉姆斯的爱情，她希望自己终身都只是舒曼的妻子。1896年克拉拉辞世后，第二年勃拉姆斯也离开了人世。

舒曼一生创作了很多首曲子，其中最出名的作品来自他创作的低潮期，也就是抑郁症时期。在多产的时间里，他的精神比较高亢，这一特点也如实地反映在他那些时期的作品中。可能是克拉拉的原因，让舒曼的情绪起伏转变为创造性灵感的大迸发，才创作出了那么多优秀的作品。

5. 泰格·伍兹与易普症

易普症（yips）指在高尔夫比赛挥杆之时，运动员出于对失败的恐惧而导致紧张不安，呼吸急促，手部出现轻微痉挛的现象。不仅是高尔夫，在足球、棒球、篮球、网球、射箭、射击等体育赛事中也经常会出现这种疾病。在足球比赛中，经常有选手在球门柱前会毫无缘由地把球踢向空中，这大概也可以看成是易普症的一种。

易普症给运动员们带来了巨大伤害，导致很多人不得不放弃运动生涯。他们平时挥杆没有任何问题，非常完美，但在关键时刻浑身僵硬，大脑一片空白，往往以失败告终。据说第一个使用易普症这个单词的人是苏格兰的传奇高尔夫运动员汤米·阿莫（1896—1968）。

泰格·伍兹从小接受父亲厄尔·伍兹的严格训练，他是业余选手的时候就已在各项比赛中崭露头角，1996年正式成为职业高尔夫球运动员(图13)。转为职业选手后第一年的PGA巡回赛(美国职业高尔夫锦标赛)中他就获得了两次胜利，此后他连年获胜。1999年取得8次胜利，2000年9次，2000—2009年十年间足足取得了56场胜利。尼尔·伍兹是泰格·伍兹的精神支柱，2006年他因前列腺癌去世。

世界级球星泰格·伍兹自2009年11月底曝出惊天丑闻后，经历了一番考验与折磨。在那段难熬的日子里，伍兹经历了易普症，在果岭近穴击球时多次毫无征兆地犯下低级错误。对此，当时伍兹的教练汉克·海尼表示，伍兹每周都遭受媒体的骚扰，心理负担极重，一开始可能就是单纯的失误，后来就是易普症作祟了。自2008年在美国公开赛夺得冠军之后，时隔11年，也就是2019年，伍兹才在美国大师赛中再次拿下冠军。

我们的心灵与肉体是紧密联系在一起的。就连世界顶级选手都会因为害怕失败而焦虑不安，进而在挥杆时肌肉出现异常情况。那么普通人紧张起来，对于高尔夫这类运动就更难以控制了。

与易普症类似，还有些人写字时如果被别人注视，就无法把字写好，这种情况称为"笔记恐惧症"比较合适，但事实上并没有这个病名。如果周围空无一人，或者是与相处起来比较舒服的人在一起，写字就毫无障碍。但如果是在公开场合，署名或签同意书的时候，就倍感痛苦。无奈之余只能用左手将写出的字遮挡

图 13 泰格·伍兹

住，总之写得非常困难。对于经常焦虑，或者具有恐慌障碍的敏感人群，这种现象经常发生。

易普症与对失败的焦虑密切相关。为了减少失败，就应该尽量以一颗平常心，去享受自己所做的事情。医学院经常有这么一句话："努力学习的赢不了脑子聪明的，脑子聪明的赢不了运气好的，运气好的赢不了享受学习的。"那么如何才能做到享受运动，享受学习呢？

如果想减少对失败的焦虑，最好平时就尽量避免那些会增加自己紧张情绪的行为。他人身上的焦虑也可能会传递给你，敏感的人受到别人的影响会更大。最好不要与别人产生严重冲突，家庭内部最好保持和谐。要明白，自己不可能永远成功。棒球运动员只有三成能出名，高尔夫运动员也经常失手。提高成功率固然重要，但更重要的是磨炼自己，让你下次站在击球区或者挥动高尔夫球杆时，心灵不受任何干扰。总之，最终目的是为了能让自己从做这件事的过程中收获一份快乐的心情。

CHAPTER
03

31 位来访者与
医生的心理处方

1. 高敏感人群

我们现在要仔细思考一下高敏感人群了,他们究竟是什么样的人?

所谓敏感,就是对外部刺激反应非常敏锐的性格或秉性。比如稍微有一点声音就睡不着觉,或者对方的一句话稍有不妥,就立刻发火。就像前文所说的,艾伦博士总结出了"高敏感人群"这个概念,而且他认为人群中 15%—20% 都是这种人。

高敏感人群并非指精神上出了问题,任何人都可能成为高敏感的人,也可能经历了困难之后变得敏感。但高敏感本身如果再进一步发展,就容易产生精神上的问题。由保健福祉部与三星首尔医院主持的"2016 年度精神疾病情况调查"结果显示:韩国人每 4 人中就有 1 人以上曾经经历过精神方面的问题,每 7 人中就有 1 人以上曾出现严重的抑郁、焦虑，以至于影响正常生活。至于高敏感人群究竟达到一个什么规模，尚无覆盖全国的研究成果。

即便是所谓的高敏感人群，也会表现出文化上的差异。韩国人受到的家庭关系影响比较大，对他人的评价也非常敏感，执着于与他人做比较，这与西方人有很大不同。

大家通过下面的题目来对自己做个评估吧，看看你是否属于高敏感人群。（表 2）

表2 高敏感程度测评

	是	否
1. 配偶一句不经意的话也能让你生气		
2. 去人多的地方会感觉压抑		
3. 对楼上邻居发出的噪声敏感		
4. 晚上入睡困难，第二天经常感觉浑身乏力		
5. 看不了特别悲惨的电影或电视		
6. 看电视剧或电影经常流泪		
7. 经常担心自己给他人带来麻烦		
8. 不会拒绝他人		
9. 提前为很遥远的未来担忧		
10. 焦虑、担心自己是否患了大病		
11. 经常听人说自己小心谨慎		
12. 经常确认自己是否锁门，煤气灶是否关闭以及钱包是否还在		
13. 开车时过分担心自己出车祸		
14. 仿佛总是生活在紧张的氛围中		
15. 有大事之前，经常拉肚子或便秘		
16. 夜晚一个人害怕，开着电视或开着灯才能入睡		
17. 不敢直视他人的眼睛		
18. 紧张时经常呼吸不畅		
19. 情绪波动较大		
20. 经常有想死的冲动		
21. 各种担心接连不断、没完没了		
22. 尽量避免站在众人面前		
23. 受不了有人讨厌自己		
24. 考试、正式发言时较之平常失误更多		
25. 与权威人士在一起感觉不舒服		
26. 如果不吃药，就觉得焦虑不安、无法忍受		
27. 如果家人回来晚了，就担心是否出了事故		
28. 总感觉配偶出轨了		

※28个选项中有7个以上属实就是"高敏感人群"，不能用医疗手段干预。此表格尚未实现标准化，解释时需格外注意。

感觉如何？有没有觉得自己也属于高敏感人群？

人类的身体，天生带有面对危险环境的应激反应系统，叫作自律神经系统，负责心脏跳动、呼吸、消化功能，由中枢神经调节，大部分都是自动启动。自律神经系统也分为交感神经系统与副交感神经系统。交感神经系统有助于我们在危机状态之下，迅速做出反应；副交感神经系统储存能量以应对危机。紧张或者受到惊吓的时候我们通过交感神经系统启动应激反应系统，心脏跳动加速，全身血液流动加快，呼吸急促，出汗，肌肉紧张，身体与大脑里一种叫作肾上腺素的激素迅速增加。

如果我们的身体长期处于应激反应状态，或者在一些不重要的事情上也采取应激反应，那么将给身体带来过重的负担。抑郁症、惊恐障碍、失眠等精神疾病大多来源于此。接下来我们将分享几个有过这种亲身经历的人接受心理咨询的案例。需要说明的是案例中我们使用的是化名，不针对任何人，而且我是把几个人的经历杂糅在一起讲述的。

2. 总是想起丈夫做过的对不起她的事

52岁的金敏晶接受治疗的时候是与丈夫一起来的。据她说，近来最让她无法忍受的就是自己一看到丈夫就发火。她流着眼泪说的第一句话就是："我再也受不了了。一天到晚抑郁、敏感，我几乎不出家门，更难受的是没有一个人能理解我这种心情。"她长长地舒了一口气，说自己最近经常不吃饭。丈夫既然能够陪她来医院，可见夫妻感情不是很糟糕，那她究竟是因为什么对丈夫不满呢？

"我只要一看见他的脸，以前他做的对不起我的事就都浮在眼前。"

她丈夫是个什么样的人？他原本是公务员，现在已经退休在家、无所事事。一位诚实工作的公务员，对妻子也关爱有加，但从半年前开始，夫妻关系就像在土路上行驶的汽车一样，磕磕碰碰不断，开始时只是一些琐事。有一天傍晚，二人准备去附近的公园散步，当时还是春天，天气并不是很热，但敏晶只穿了短袖就出来了。于是她丈夫问道："还是春天呢，你怎么就穿起短袖了？小心感冒。"敏晶刚要回答，这时一个女邻居路过打了个招呼："您好！好久不见了！"丈夫跟敏晶话没说完就走到了女邻居面前，敏晶看着对待别人态度和蔼可亲的丈夫，再想到他对自己的态度，觉得不能接受，于是发了一通火。

当晚敏晶躺在床上时，感觉浑身发热，心中无比憋闷，相反丈夫则像没事人似的，酣然入睡，她产生了一个冲动，想扇丈夫一耳光。丈夫无视自己转而去跟女邻居说话，这让她猛地想起20年前的事情。当年还在工作的丈夫曾跟同一个科室的女同事发生了亲密关系。

她想来想去还是忍不住，叫醒了熟睡的丈夫。丈夫不耐烦地问："什么事呀？"她于是怒不可遏地将20年前、10年前以及3年前发生的令她不满的事一股脑都说了出来，还哭个不停。此后半年内，这样的情景反复出现，搞得她丈夫也疲惫不堪。两人目前在考虑分居。

专家建议

人类的记忆是非常奇妙的。刚才听到的话或看到的事物，大部分用不了多久就会被遗忘。如果让你回忆一下半个月前与朋友的对话，你能想起多少？大部分人只记得的确见过面，谈话内容的细节早就不记得了。但很久以前自己经历的交通事故却长期留在记忆中，只要路过那个地点就会想起。如果跟谁吵了架，即使过后一个电话也不打，过了几十年对方的脸孔也不会忘记。为什么会这样呢？

我们的大脑对于记忆有着非常奇妙的能力，暂时叫它"忘却的能力"吧。记忆力卓越的人学习好，脑子也好使。这似乎很完美，但事实上也会造成诸多不便。敏感的人有一种倾向，那就是会不自觉地强化我们大脑记忆中"焦虑不安"的那部分。对过去的记忆实际上未必准确，现在所感受到的焦虑不安也在为这部分记忆添油加醋，使其感受更为强烈。敏晶回忆起过去丈夫的所作所为，再加上现阶段的感受，两相结合使丈夫在她心里成了一个糟糕透顶的人。

国际顶级学术期刊《自然》（*Nature*）刊载了一篇论文，认为我们大脑的边缘系统对恐怖、焦虑的记忆发挥着重要作用。[1]边缘系统能将过去与现在的记忆连接在一起，如果焦虑严重，我们的身体就会分泌一种叫作皮质醇的压力性激素，它能够降低人的认知功能，妨碍我们回忆很久以前的记忆。[2]此前我所在的研究小组，对164名抑郁症患者进行了为期12周的跟踪研究，确认了一个事实：当抑郁和焦虑好转后，记忆力也会自动好转。[3]因此压力大导致抑郁、焦虑时，人们的记忆并不准确，很多记忆都是被歪曲的。

还有一个重要的问题，那就是敏晶的年龄。52 岁的敏晶正处于闭经期，经常能感到从肚脐到头部有一股潮热，呼吸变得憋闷，不容易入眠。如果这种时刻再发火生气，整个人就会完全沉浸在对以前的回忆中，这也被称为"停经综合征"。

> **停经综合征（Menopausal syndrome）**
>
> 进入闭经期的女性，随着体内雌激素分泌减少所表现出来的症状中，热性红潮最为常见。热性红潮指面部、颈部、胸部等部位突然涌起潮热，继而大量出汗的症状。可能会持续几分钟，一天中会反复发作多次。在这段时期，抑郁症的发病率比其他时间段高出 2—3 倍，焦虑、失眠也出现得更为频繁。雌激素作为压力激素的一种，它的减少会导致血液内变化幅度增大，大脑的抗压能力较之正常时期也会有所下降。[4]

重要的是我们要知道在这种情况下，过去的记忆是不准确的。敏晶对丈夫的愤怒与她自己现在的焦虑、各种闭经期症状都是分不开的。患者应首先承认是自己太过焦虑、太过敏感了，如果产生了失落情绪，要努力不再回想过去。与丈夫聊天时应仅限于当天发生的事，如有误会最好马上说明白，误会一旦消除就不再提起。

当然了，敏晶的丈夫也有过错。妻子无法入睡，焦虑不安，他没有及时关心妻子，这肯定让妻子伤心。我提出一个方法，每天晚上6点，由丈夫打电话或者发短信，告诉妻子当天所发生的事情。与其两个人一天到晚待在一起，不如各自安排各自的日程，各干各的。

敏感的人应该全心全意集中于"现在"。有些过去的事情别人早已忘记，而你还不断想起，联系到现在的生活，这只能让你自己更敏感、更抑郁。如果你经常回想过去，就要检查一下自己是否太过敏感，这时把注意力放在其他事物上就是最好的方法。可以读一本新书，或开始一项新的运动。如果你的注意力转移了，自然也就不会沉溺于往事，发火的次数也就渐渐减少了。

3.情绪波动大，跟任何人都合不来

恩京是一位 22 岁的大学生。她几乎跟任何人都合不来，是个十足的宅女。她认为原因就是自己性格太过敏感。据她讲，自己最大的特点就是情绪波动特别明显。有时心情激动得好像飞上了天，转眼又跌回地面，感觉连一条能抓住的绳子都没有。一天中心情波动好几次，早晨起得很晚，晚上又睡不着觉。

恩京情绪波动大的时候，家人都躲得远远的。每当她生理期到来前一周，家人们就能接收到危险信号，父母和哥哥就开始躲着她。她在大学里也几乎没什么朋友，整天形单影只。恩京正值青春年华，为什么没有朋友呢？

"我一到人多的地方就觉得所有人都在嘲笑我，自然而然地开始观察人们的眼神，呼吸也变得不顺畅。我不知道我该跟他们聊些什么。"

因此她几乎都是一个人在社交媒体上玩,或者上网看视频打发时间,她每天都在电脑上点无数个"赞"。这也能从侧面反映出她的内心是多么焦虑。她每天都要到凌晨3—4点才能入睡,上午10点以后起床,几乎天天上课迟到。

大部分熬夜的人都有一个习惯——吃夜宵。到晚上她还精神头十足,就打开冰箱拿出比萨、面包、方便面,还有那些重口味的食物来充饥,体重也随之不断攀升。外貌的改变让她更加讨厌自己,毫无自信可言。明明知道自己陷入恶性循环,但就是改不了。

一个月前恩京出现了严重的症状,这让她不得不来精神科找大夫。有一次她在教授和同学面前发表自己的作业,有一个同学提了个问题,她不是很理解。就在这时她突然感觉天旋地转,呼吸困难,差点站不住摔倒在地。此后她只要去学校就不断出现这种症状。

因为这些病症,目前她已经无法再上学,每天只能在家里待着。可现在她就算在家也觉得呼吸困难,甚至还因此被家人送去了急诊室,但医生检查的结果是她的身体没有任何问题。

💬 专家建议

人类的感情有喜、怒、哀、乐。根据自己所处的环境或高兴,或生气,或伤心,抑或愉悦,这都是正常的。但也有人的情绪变化与环境无关,波动的幅度忽大忽小,这主要发生在换季的时候,或者生理期快到之前。这时如果与人发生争执，感情的波动会更大。这就叫作情感障碍。

> **情感障碍（Mood disorder）**
>
> ———
>
> 指难以控制情绪，抑郁和心情的变化持续时间较长的一种障碍。情感障碍严重时可以持续抑郁两个星期以上，同时伴随出现欲望降低、失眠、疲劳感增加、注意力难以集中等症状。通常反复出现两种极端障碍：一种是抑郁症，另一种是暴躁症。全国精神疾病调查报告显示，韩国男性中 3.3%、女性中 7.2% 的人都曾经历过情感障碍。女性的发病率是男性的两倍以上，这在全世界都很相似，学界认为这与激素变化有关。

情绪波动严重的人往往表现得脾气乖张，性格善变。但如果仔细分析，这是情绪波动的问题，也被称为"非典型性抑郁症"。

> **非典型性抑郁症（Atypical depression）**
>
> ———
>
> 抑郁症的一种。大部分抑郁症会导致体重减少、失眠等现象发生，但该病会伴随体重增加、白天睡眠过多，故被称为"非典型性抑郁症"。伴随情绪波动大，大多出现在 30 岁以下的年轻人中。也会进一步转化为双向情感障碍。

这些人通常有几个特征，我们简单分成四类来分析一下。

第一，食欲增加，表现为夜间暴食症。吃碳水化合物或辛辣食品时，就会变得不再敏感，因此持续进食。第二，晚睡晚起，甚至有人黑白完全颠倒。无法提早入睡，越到深夜越是精神。第三，体重偏重，几乎一直躺着。躺着吃汉堡包、炸薯条、炸鸡，房间混乱不堪。第四，也是最重要的，非常敏感，害怕遭到拒绝。正是这种对拒绝的敏感性导致难以交到朋友，对别人的表情、语气特别敏感。跟别人交谈时，相较对方所说的内容，更重视对方的表情如何。总是过度思考对方是否讨厌自己，为对方的表情和行为赋予了很多意义。

但人类的表情和语气与其当时的身体状况有很大关系。比如昨晚没睡好觉，或者工作太累导致身体疲惫，人的表情就会比较呆板，语气也会听起来非常生硬。恩京要是遇到了这样的人，就倾向于认为对方的表情和语气都是因为自己，从而得出"他讨厌我"的结论。然后做出一些吸引别人注意的不当行为。

恩京一直认为"我胖了，不漂亮了，人们都讨厌我"。于是她去做了整形手术，但还是不满意，又跑去整形，前后做了四五次。为了减肥吃药、打针，却从来不做运动。她为了减肥而服用的芬特明让她更为敏感。随着敏感性的加重，恩京感觉所有人都在注视自己，她无法承受这一切，导致呼吸困难，最终晕倒在地。此后她惧怕与朋友见面，总担心自己会再发生那种情况，提前焦虑。一想到可能会晕倒，呼吸也变得不通畅起来。

因此，恩京最先认识到的就是自己比普通人情绪波动大。这种人也被称为"双向情感障碍"，韩国人中 2%—3% 都属于此列。初高中里，每个班级都会有一两个这样的学生。此病通常在高中生，或者刚刚进入大学的学生中发病率较高。男人参军之后也会表现出这种倾向。

> **双向情感障碍（Bipolar trait）**
>
> 双向情感障碍指情绪极度兴奋的狂躁症与情绪极度低落的抑郁症两种病症反复出现的疾病。有些人虽然还没达到双向情感障碍的严重程度，但情绪波动明显较大，就可以称为具有"双向情感障碍"。情绪波动的发生可能是由于性格上的特点。它指没有发生什么特别的事，或者在没有外部刺激的情况下，病人自己就表现出情绪变化的情况，人们较为熟知的有"生理性抑郁症""产后抑郁症"等。

情绪波动大的人如能将前面所说的四种状况反其道行之，是大有益处的。但是说起来容易做起来难，这可能需要专家、医生的帮助。主要在于能做到早睡早起，而且早起比早睡更重要。尝试一下每天 7 点起床如何？即使凌晨 2 点、3 点入睡，也坚持早晨 7 点起床。如果能做到每天同一时间起床，那么入睡时间自然会提前，吃夜宵的毛病也会改掉了。早晨 7 点起床后，8 点散步，晒半小时太阳，让阳光唤醒你的身体，让阳光为你的身体制造节奏。特别是生理期到来之前，坚持早晨运动可以有效降低敏感性。

他人的表情、语气也并非是针对恩京个人的，只是对方当天身体状况的反映而已。要对他人的表情、语气保持一种"钝感"，这需要长时间的练习。一种方法是听别人说话时应该像阅读手机短信一样，把注意力放在对方所说的内容上。还要记住，别人不会那么在意你，就像你对他们也没什么特别兴趣一样。其实我们对别人的兴趣并不如我们想象的那么大，我们更关注的是我们自己。对自己所说的话也不要过分在意，过一个月对方肯定也早就忘了你都说过什么，能记住的只是你们见过面，以及对你更加熟悉的感觉。

还有一点可以尝试，那就是听完别人的话之后再准备自己要说什么。与朋友对话之前不必紧张，就像发短信一样，接收了对方的内容之后再组织语言也不迟。

如果有突然呼吸不畅的情况发生，可以每天坚持练习本书后面提到的紧张转移训练，持续练习下去会让呼吸变得通畅。如果你正在跟别人聊天，突然感觉呼吸憋闷，那么放慢语速，或者去一趟洗手间，都会让情况好一些。尽量避免喝咖啡或者摄入含有咖啡因的饮料，那可能会加重呼吸困难。

调节情绪波动，与朋友和谐相处，这对恩京未来的生活影响巨大，会影响到找对象、找工作。她还是一名大学生，一切都还不晚。人们只会记住她改变后的精神面貌，过去的形象很容易就被人们遗忘了。

　　从现在开始，好好调整你的敏感性，明天开始就7点起床，用愉快的心情迎接窗户投射进来的温暖阳光吧！如果能做到这一点，就已经迈出成功的第一步了！

4. 怀疑同事们都在议论自己

最近的年轻人，大多要经历打零工、试用期合同工，好不容易才能拿到一个正式职位，35 岁的职业女性敏儿也是如此，直到 3 年前好不容易才成为正式职员。工作稳定后 3 年过去了，她的生活满意度也在提升，人际关系也比较融洽。离开了父母，目前一个人租房度日，虽然暂时还没有男朋友，但每个月都会存一些钱，作为自己的结婚启动资金。

生活中，随时都可能出现新的不确定因素。特别是遇到什么样的上司，这不是个人努力能够决定的。敏儿的顶头上司 3 个月前被替换了，新来的科长与前任科长性格完全相反，敏儿觉得自己与这位上司有点不合。这位上司说话非常直接，特别是经常在其他同事面前，无所顾忌、毫不掩饰地批评人，让人很伤自尊。

有一次敏儿提交的报告里出现了失误，上司公开给她难堪，教训她："报告怎么能这么写呢？你要是不会就应该多问问同事，你以前也是这么干工作的吗？"

虽然同事们安慰了敏儿，可她的心情还是难以平复。感觉好像别人都在愉快地工作，只有自己在拖后腿，工作也做不好，抑郁情况越来越严重。她感觉每天吃过午饭，所有同事都在办公室里喝着咖啡谈论自己，他们的谈笑声深深刺痛了敏儿的心。

如果一个人离开群体，那他很快就会萎靡不振，身体也会越来越敏感。敏儿经常担心，自己咽口水的声音，或者肚子咕咕叫的声音会被同事们听到。"越看越觉得所有人都讨厌我。""我讨厌上班！我想辞职！"敏儿满脑子都是这样的想法，每天连觉也睡不了，只好来找医生就诊。

好不容易才找到工作，她不敢就这么辞职，信用卡账单还有房租的压力，也不允许她这样做。但她茫然无措，只是任时间流逝，工作上的表现越来越差，最后实在坚持不下去了。

专家建议

所有人都认同，人际关系是职场生活的重要一环。如果私下和同事关系不错，工作上就会有更大的便利，即使有所失误，同事之间互相帮助也能消除紧张，可以让工作进行得更加顺利。

敏儿在公司工作的三年来一直表现不错，跟以前的上司比较契合，职场上顺风顺水，因此觉得即使换了上司也能一直这样下去。但没想到新上司与前上司风格完全不同,指责下属工作上的失误时毫不留情,这让敏儿的心里很受伤。

我首先向敏儿确认了一件事,那就是新科长对待其他职员的态度是否跟对她一样?如果都一样的话,那就说明科长的行事风格就是这样,并非针对她一个人。我劝她和同事们聊聊,打听新上司喜欢的工作方式是怎么样的,在原来的部门他的下属是如何适应他的。如果科长对待别人一贯如此的话,那么他作为一个团队的领导就有些欠妥了。但即使是这样,与他正面冲突或者疏远他,最终受伤害的还是敏儿自己。我知道这样做并不容易,但敏儿最好迎合一下新科长的行事风格,这样对自己比较有利。

如果抑郁严重了,敏感也会加深。如果患上了抑郁症,一般上午比较痛苦,各种欲望都下降,晚上也睡不着觉。在这样的状态下,人就会觉得别人的行为举止都跟自己有关。前面我说过,这叫作"牵连观念"。

牵连观念(ideas of reference, IOR)

总感觉别人的言语和举止,以及生活中的各种自然现象,都是为了影响自己而发生的。语言、行动、现象客观上与他并无关系,但他却非要找出联系,并把这种联系当作客观事实。出现牵连观念倾向的人,靠自己一个人的想象制造体系,并用否定的、充满被害意识的思维解释现实,从而变得更为敏感,抑郁和焦虑也会加深、加重。

有牵连观念的人，倾向于将与自己无关的他人举动也解释为针对自己。比方说，别人一个眼神、一个笑容、一段谈话，他感觉都是在找自己的麻烦。牵连观念会让抑郁症患者的敏感性增加，到了晚上更加紧张，诱发失眠。或者睡着睡着突然从梦中惊醒，做被人追赶的噩梦或梦见已经死去的人重新出现。

这时候就需要接受专家的帮助，调节"牵连观念""失眠"等症状。其实，"求助"这一行为本身就对治疗抑郁、敏感心理有好处。如果注意力能够集中了，睡眠质量提升了，工作表现也会变好，继而产生改变的能量，也能达到上司所希望的状态。

我想要强调的一点是尽量不要辞职。那些得了抑郁症后辞职接受治疗的人，恢复后都后悔不已，不停地问自己当初为什么辞职。即使再找工作也难以找到比以前更好的，如果求职不成功变成失业状态，那抑郁症复发的可能性非常高。你可以请1—3个月的病假接受治疗，因为一般来说治疗后恢复到正常状态需要1—3个月的时间。

5. 总觉得自己得了大病

据说，韩国人与其他国家的人比起来，患疾病焦虑障碍的概率比较高。这是坏事吗？提前关注身体，注意健康，这应该是件好事吧……然而，问题并非看上去那么简单。

40岁的慧琳就是个典型案例。平时电视上、网络上只要有关于健康方面的新闻，她都非常关注，自然就得了疾病焦虑障碍。最近每天欧米伽3、镁、维生素、叶黄素、磷虾、益生菌，一样不落地补。

周围人都说慧琳"太谨慎""太敏感"了。你看到她的身体就会明白，她总是处于紧张状态，不自觉地皱眉，以至于眉间产生了深深的皱纹。后颈部与肩部肌肉很紧张，腹部充满空气，圆鼓鼓的，敲她的腹部甚至能听到"咚咚"的声音。她的手也有些抖,四肢关节经常疼痛,各种症状轮流出现,这一切更加重了她的担忧。

有一天她的头非常疼。打开电视,正好在播放"中风""脑肿瘤""颈动脉狭窄""偏头疼"等方面的内容,电视中的患者错过了最佳治疗时机,导致下半身瘫痪。慧琳忙拿出家里的血压计测量,发现血压140/90,心跳90,比以前稍微高了些。她有点不安,换了频道,开始看电视购物的广告,推销员正在销售限量商品。当倒计时的声音响起,她立刻头疼不已,心脏也开始狂跳。慧琳当即拨打电话购买了电视里的商品,虽然那些东西根本没用。

"我是不是得了什么大病?血压一直升高,腿也疼得很。"慧琳来到家附近的医院,要求做脑部核磁共振。等结果的几天里,她焦虑得睡不着觉。几天后她来到医院,拿到的是"无任何异常"的诊断结果。"是因为医院太小了吗?我明明很难受,怎么就查不出病因呢?"于是慧琳转身又预约了大医院。

慧琳在大医院等待检查的过程中,周围的患者吸引了她的注意。那些重病患者一边输液一边在家属或护工的陪同下出入的情景,让她觉得很是揪心。"我可不想活得这么悲惨。"她正自顾自地想着,便接到了检查结果——仍然是"无任何异常"。

检查很折腾人。慧琳从小医院检查开始,到去大医院看了不知多少个科室,再到最终拿到没有任何问题的检查结果,一共经历了6个月的时间。可奇怪的是慧琳只要一出医院就开始犯头疼病。"都说我没问题,可为什么头这么疼呢?"就像那些电影结尾,问题并没得到解决，却预告了下一部中的可怕镜头——慧琳又陷入了新的忧虑之中。

💬 专家建议

身体健康是所有人的追求。我们之所以会感到生病，是因为身体产生了疼痛症状，或某种机能发生了异常。高敏感人群能够迅速感知这种身体异常。出现疼痛症状或者机能异常并不一定是身体得了病，也可能是心理出了问题，敏感性也能导致身体出现疼痛症状，或者身体机能出现异常。医院的精密仪器告诉我们一切正常。这时候不正常的并非我们的身体，而是我们那颗"高度敏感的心"。像慧琳这样，由于过度担心自己的身体健康以至于影响正常生活，就叫作"疾病焦虑障碍"。

疾病焦虑障碍（Hypochondriasis）

指对自己的身体症状及身体感觉进行过度阐释，坚信自己已经得了严重的大病，非常害怕，全身心关注身体健康的状态。通常都是担心自己得了癌症、艾滋病、新型冠状病毒肺炎等大家普遍畏惧的疾病。我曾对这种病进行过研究，在比较韩国人与美国人的时候我发现，抑郁症患者中，韩国人得疾病焦虑障碍的比例相较于美国人高很多。特别是很多人将焦虑引发的身体症状（比如心跳加快、体重减轻、呼吸困难）误认为是自己得了大病的征兆。[5]

通常敏感也可以引起头疼、心跳加快、肌肉酸痛、腰部疼痛等。有些疼痛对正常人来说可能不算什么，但如果顺着腰部神经直达大脑就会大幅增强。虽然医院的检查结果显示没有异常，但本人却一直对疼痛症状很敏感，担心自己得了重病，搞得家属也很疲惫。就像一个小小的声音被麦克风捕捉，然后通过扬声器变得很大。身体产生的小小疼痛到了大脑里已经变成很大的病痛了。

如果面部和头部肌肉紧张，就会产生头痛，这也被称为"紧张性头痛"。这样的人总是习惯性地眉头紧锁，长此以往眉间就会产生很深的皱纹。因为身体总是处于紧张、僵硬的状态，按摩的时候肌肉会产生严重的疼痛感。这时如果用双手大拇指按摩后颈部三角肌，虽然也会疼痛，但疼痛是暂时的，用不了多久患者就会感觉放松。

我们感知到的很多身体症状都与我们的敏感性有着深深的联系。衣服接触身体的触感，脚在鞋中的感觉，腰部系上腰带后的感觉，眼镜架在鼻子上的感觉等等，平时对于这些我们并不太在意，而敏感的人则随时感受着每一种日常感觉的不同。他们脑子里充满微不足道的身体刺激，导致精神超负荷。

这时，与其关注身体感觉的过度敏感，他们更应该关注自己的心灵，努力尝试放松并转移身体和肌肉的紧张。把得了重病的担心抛到脑后，告诉自己："是我太紧张了而已。"每天都进行这种转移紧张的练习，是非常有益处的。

仔细回想一下能让自己开心的事情有什么，健身、普拉提、瑜伽、网球、羽毛球都行，也可以去做志愿者，与他人一起共同协作，只要能保持注意力集中就好。当你可以埋头于其他事情时，身体的感觉就会变得迟钝，而且会领悟到原来对健康的担心不过是一种臆想。

6. 精力过盛引来的祸端

40岁的大企业职员英哲不久前因为对公司里的年轻职员言语过激,受到了停职察看的处罚。2019年7月开始,《禁止职场内部欺凌法》正式在韩实行,禁止上司在职场内利用地位、人际关系等方面的优势,超出业务正当范畴地给其他工作人员施加压力,造成他们身体、精神上的痛苦,这种行为一经发现,会立即受到处罚。即使是工作时间之外,非工作单位的场合,根据情况,如果上司利用了工作中的优势地位,内容跟工作有关联,也可以被认定是职场内部欺凌。因此最近公司聚餐明显减少,所有人都小心翼翼地改变此前的职场习气,但英哲偏偏没有认清形势,对年轻职员犯了"时代性"的错误。现在的他,无论是工作还是家庭,都面临着危机。

英哲的一大特点，就是他总比别人精力旺盛。特别是一到初春，他就能量爆棚。每当这时他就变得野心勃勃，毫无缘由地对一切事情保持乐观，甚至会在股市豪赌（实际上他并没有什么积蓄，都是靠透支信用卡进行投资）。但当初买入的股票最近跌到了谷底，他本来就是瞒着妻子买的，现在自己也不知道该如何收场，大脑一片空白。

那天公司部门有聚餐，他平时就有个坏习惯，喝了酒兴致就来了，要接连转战三四个娱乐场所。那天他喝得酩酊大醉，不仅严厉训斥了年轻职员，还动手打人。结果被公司停职察看，估计被解雇的可能性很大。

现在他满脑子都是："以后我什么都干不了了！""我真是最没出息的家伙！""我真没脸见老婆了。"在公司和家里都备受折磨的他又开始喝酒，陷入深深的自责，找不到出口。

🗨 专家建议

人的精力是有限的，不可能永远精神饱满，遇到挫折是必然的。像英哲这样精神状态有起有落的韩国人，每 100 人中就有 2—3 名左右。最常见的就是一年中的精神状态随季节发生变化，一般到了初春，日照时间变长，天气也开始暖和，人们的心态也随之上扬；到了冬天，一切都像进入了冬眠，变得安静下来。

这种精神状态起伏明显的人大部分是喜欢喝酒的。一般人喝了酒容易犯困，他们反而会精力充沛，说话声音明显变大，甚至对陌生人表现出攻击倾向。这种饮酒导致攻击倾向增强的现象被称为"酒精诱导的抑制性控制障碍"。

> **酒精诱导的抑制性控制障碍**
> **（Alcohol-induced disinhibition）**
>
> 饮酒后表现出异于常人的暴力行为、酒后驾驶等，反复出现冲动调节失控的行为。我所属的研究团队对全国 12 个地区 18 岁以上具有酒驾经历的 9461 个人进行调查，结果确认 564 人（占比 5.96%），也就是每 100 人中有 6 人有酒精诱导的抑制性控制障碍现象[6]。酒精降低了负责人类情感的额叶的抑制功能，那些具有酒精诱导的抑制性控制障碍症状的人饮酒后，变化比正常人更大。酒精度数越高，这一现象发生得越显著，因此最好的方法就是把酒戒掉，如果难以做到，就尽量饮用度数较低的酒，或者把饮酒量逐渐降下来。[7]

随着精力变得旺盛，人们特别容易出现"冒险行为"。比如超过自身能力的投资、赌博、不正当的异性交往等，这可能会带来大量金钱损失。他们会毫无缘由地相信"一切都会好的"，这是这类人的通病。他们总是自信满满，听了别人的赚钱方法就轻易相信，觉得自己也一定可以赚大钱，还没有看清形势，便不由分说地一头扎了进去。

当然，肯定有极少数人可以成功。但像英哲这样突然精力爆棚的，则很少成功。

精神状态不稳定的时候喝酒很容易犯错，可能有很多事情就此无法挽回。状态高涨时容易出现暴力、猥亵他人等不妥当的行为；低落时则可能产生轻生的想法，因此这两种情况都要格外注意。

如果你总是朝着周围的同事、家人生气发火，自己无法控制自己，那你要好好判断一下自己的精神状态是否在正常范围内。

7. 由一件小事触发不愉快记忆

海文是一名40岁左右的女性，在大学路附近经营着自己的小餐厅。她和先生两人共同打理生意。由于营业时间较长，三年来两人一直轮班打理餐馆。虽然开店不容易，但海文的店因为熟客都是大学生，生意一直还不错。他们每天早早起床，采购最新鲜的食材，亲自下厨准备饭菜。在第一位客人到来时，他们就要准备好一天三顿饭，这个小小的店面一切按部就班，好像与外面的世界毫无关系，虽然繁忙，倒也安稳。

有一天来了一位客人，当时店里挤满了学生。他突然招呼海文让她过去，说："你看看，这也是让人吃的吗？"这位客人用筷子翻腾着盘子里的菜，果然出现了一个异物——洗碗时从钢丝球上掉下来的铁屑。海文弯着腰低着头，向客人连声说着"对不起"，并且说"您的餐费不收了"。她希望事情快点过去，可那位客人提高了嗓门说："你这个样子还开什么饭店啊？"所有学生齐刷刷地把目光投向了海文的身上。

瞬间她的心脏开始狂跳，突然感觉某位顾客的目光冷峻，觉得所有人都在议论自己。从那天开始，她明明每天累得要死，晚上却只能睡两三个小时。再回想起长期以来客人们的表情和语气，她的身体就不由得突然蜷缩在一起。疲劳和敏感的状况持续了几天，最近她已经不再去早市采购了，身影也逐渐从饭店里消失了。

她总担心自己犯错，有时一宿都难以合眼。丈夫跟她说话，她也总是一惊一乍的。

💬 专家建议

海文经营饭店这么久，一直都精心为客人准备可口的佳肴。在衣食住行中，食物对维持人类健康是最重要的，因此海文所做的事情是值得人们尊敬的。客人的确花钱买了食物，但这并没有给他侮辱别人的权力。他这种行为绝对是错误的。

任何人都会有失误，但是告诉别人失误的方法却千差万别。我们可以温柔地提醒对方，让对方接受并改变。而这位顾客的做法将别人的自尊心打翻在地，只会让人犯下更多的失误，这是不正确的。从那位客人在饭店对待海文的言行举止来看，他在社会生活中估计也是难以处理好人际关系的那一类人。

海文说自己从小成长于一个非常严格、近乎冷酷的家庭。海文稍有不慎，父母非打即骂："怎么连这点事都干不好？""吵死了！""我费这么大力气给你做饭，你怎么能剩？"海文从小就没有体会过温暖、温馨的家庭环境。家里三个女儿、一个儿子，父母把关心与爱统统给了唯一的小儿子。如果说他们对待小儿子是无底线的纵容，那么到了海文这里就是严肃冷漠。成年之后再次体验儿时的经历，就会对海文处理人际关系产生影响。

> **再体验（Reexperience）**
>
> 发生在过去、儿时的不愉快的经历、情绪和矛盾状态的情感，当一个人再经历类似的情况，无意中再次回忆起来的现象。人受到外伤后会出现应激反应（PTSD），在经历了大的事故后，会回避能让自己想起当初情景的事，比如在某地经历了交通事故后，再也不愿意去那里。儿时有过受到创伤的经历，对压力变得敏感，成年后就很可能会再次经历类似的情感。[8] 再次体验可能会诱发敏感、抑郁症、焦虑障碍的发生。

当天客人的行为无意中唤醒了海文童年时的记忆。弟弟吃饭噎着了，海文也要挨骂，这样的经历现在每每回忆起来，也在折磨着海文。那位客人因为饭菜里有异物就发火，那个瞬间他就变成正在大声训斥海文的父母。记忆源源不断地涌上心头，诱发了海文的焦虑与不安。

海文的当务之急就是找回自信，暗下决心，虽然失误了一次，但这有助于自己将来做出更高质量的饭菜。丈夫和孩子的支持也很重要。他们应该为海文努力工作、诚实经营而感到自豪，还要夸奖海文手艺超群，让海文与过去一刀两断，专注于当下的生活。海文需要牢牢记住：觉得你手艺好的客人更多！海文养育子女时，千万不可再现自己父母当年的教育方法。虽然这并非易事，但海文小时候受到的伤害绝不能再在子女身上重复，只有这样才能打破伤害与暴力代代相传的恶性循环。

8. 不会变通的人

34岁的敏基在大企业里上班，为人踏实、厚道。他有一个与众不同的爱好，那就是收集漫画电影里的人偶，工资的30%以上都花在了玩偶上。他从小就喜欢看日本漫画，任何一个形象他看一眼就知道是谁。

敏基数学和历史学得非常好，从小就经常有人夸他聪明。他初中就学了微积分，各种历史事件背得滚瓜烂熟。但对那些需要了解上下文再进行分析的英语和语文，他却很不擅长。整个学生时代，敏基几乎没什么朋友，但是由于学习好，游戏也打得好，他还是对自己充满自信的。通常而言，只有得到了同辈人的认可，才会树立自尊心，但敏基用其他途径满足了自己树立自尊心的需要。在班级中他几乎毫无存在感，这种情况到了大学也没什么改变,不过他成绩好,所以也没费什么周折就得到了自己想要的工作。

但是社会生活与校园生活有很大不同。敏基的人生哲学是如果与谁合不来,那就敬而远之。进入职场后,团队其他成员经常说和他"没法沟通",那些曾经把工作交给敏基的同事一提到他就摇头,几乎无一例外都说过"这根本不是我让你做的调查啊!""重点不在这儿!"这样的话。敏基不擅长直视别人的眼睛,是不是这个原因导致的呢?对敏基来说,他几乎不懂什么叫"相处融洽""关系亲密",他也从没有学习过与人交往、人际沟通出现问题时应该采取的更好方式。他最近说得最多的就是:"啊!压力好大!"敏基与同事之间闹了很多矛盾,现在感情上的沟壑越来越深,他一个人实在无法解决。压力一再向他逼近,现在他只能等待周末快点到来,好全身心地投入到他心爱的玩偶上。

💬 专家建议

人群中确实有一些人,在适应新的环境时不善于灵活变通,也有一些人可以很灵活地调节自身。那些不知变通的人不擅长一次性处理多种情况,但是如果一次只处理一种情况,则表现得十分优秀。比方说,他们可能觉得与同事自由讨论很不舒服,但是让他们指出核算哪里有问题,他们做得比谁都好。精神医学将其称为"具象思维",也就是说思考的都是实实在在、具体的东西,与抽象思维正好相反。

> **具象思维（Concrete thinking）vs 抽象思维（Abstract thinking）**
>
> 具象思维指对事物、状况不做概念化、一般化的理解；抽象思维则指用概念化、一般化的方式去理解、应用的能力。具象思维能力强的人在理解文章时，着重于每一个词语，对上下文的把握不足。比如，提问"扁担倒了都不知道是个一"是什么意思，具象思维强的人虽然明白"扁担"与"一"是什么意思，但不知道这句话应该在什么场合使用。而抽象思维强的人就能够明白这句话指那些没有知识的人。根据皮亚杰的儿童认知发展理论，儿童从小先发展具象思维，随着认知功能不断发育，到了12岁以后，就可以理解肉眼看不见的抽象概念了。[9] 如果只有具象思维，这样的人拥有良好的记忆知识的能力，但缺乏察言观色、灵活处理事务的能力。

那些不太会变通的人在人际关系上总是处理得不妥当，其中一个重要表现就是在别人讲述的时候，他仍然沉浸在对自己应该说什么的思考之中，对方所说的内容则根本没听进去，不能够适应多任务同时处理的情况。因此他们善于听讲——先听，再理解，这样没问题。但如果是小组讨论，他们往往会因为一门心思想着自己要说的话而错过对大家讨论内容的把握。

做过英语听力练习的人很容易就能明白这一点。如果你努力听懂每一个单词，就把握不了整篇文章。与之相似，那些不会变通的人光想着自己要说的话，所以理解不了对方讲话的整体脉络。

而且说话时也不会看着对方的眼睛,自然也看不见对方的口型,因此谈话过程中很多重要信息都把握不住。

自闭症与阿斯伯格综合征患者也缺乏变通的能力,与敏基一样处理不好人际关系。一般人通常不怎么注意的地方,这类人却深陷其中,在这一点他们也非常相似。但敏基还没到那个程度,只是在灵活变通与人际交往上有些困难而已,他跟家人或者熟悉的人在一起时交流没有任何问题。我认为敏基跟同样喜欢日本漫画的人在一起,肯定会相处得非常融洽。

对于敏基,我想提出的建议,首先就是先把对方说的话全部听完,然后再思考自己要说什么。开会前如果能够熟悉内容,就很容易把握整个会议的走向了。如果能做好笔记就更有帮助了,不妨养成一个习惯——把上司说的话全部记录在本子上,然后按照笔记逐条执行。

其次,我希望敏基不要回避与同事聊天、聚餐这类事。与同事彼此很熟悉的话,谈话时就能更好地理解对方了。请同事吃顿午饭怎么样?你们彼此感情升了温,聊天时自然不会再紧张。敏基和我对话时表情比较僵硬,应该多练习一下面部表情。本书后文提到的表情、语气练习方法,不妨参考一下。

台球、网球、保龄球、羽毛球等球类运动是需要与别人合作的,可以培养人际沟通能力。如果公司内部有兴趣小组,也可以加入。

9. 锁门强迫症

　　小英出生于首尔以外的地方，因为成绩优异，考入了首尔的大学，租了一个多层住宅的单间，现在马上就要毕业了。她最开始找房子的时候就听说这种房子安全性比较差。小英性格谨慎细心，又带有完美主义倾向，自己花钱重新购置了门锁，窗户护栏也换成了更崭新的、更结实的，即便如此她仍然感觉很不安全。

　　病根来源于她在网上看到的一段视频。一位租房住的单身女子下班后独自回家，被一位戴着帽子的男子尾随。男子一直藏身于楼梯的角落里，在她回家打开门的一刹那冲过去抓住了门把手，试图强行闯入房间。女子使出浑身力气好不容易才把门关上，男子为了不暴露身份也匆忙离开了。一般人看了这段视频可能过一会儿就忘了，但敏感焦虑的人看过一遍就会把那个场景深深地刻在脑海里。

"晚上回家，总觉得后面有人跟着我。"这就是为什么小英每次走到家附近，总会不住地回头张望。但问题还并不止于此。看完视频的第二天，她锁了门之后，还要确认两到三遍才安心，如果早晨忘记确认门锁，晚上回家时她就非常不安，担心有人藏在家里。有一天早晨她已经走到地铁站了，突然觉得"好像没锁门"，马上又走了10分钟的路回家确认门是否锁好，结果导致那天上课迟到。一种焦虑通常会衍生出更多的焦虑。除了锁门之外，小英还每天挂念着家里的煤气是否关好，洗手的频率也明显增加，一天平均要洗20次以上，还经常上网查看有哪些疾病可以通过手部接触传染。

💬 专家建议

锁好门对于人身安全是非常重要的。年轻的女大学生一个人生活，出租房的安全是个大问题，在安全上小心谨慎，这是很好的。但是过度注意锁门，给正常生活带来了烦恼，这就有些不妥了。小心谨慎、完美主义性格的人经常担心自己的行为是否有失误。像小英这样，由于某些原因陷入对"门是否锁好"的反复担心之中，那就得称其为"强迫性思维"了。强迫性思维所带来的行为就称为"强迫行为"。其实我们周围这样的人也很多。

> **强迫性思维（Obsessive thinking）vs 强迫行为（Compulsive behavior）**
>
> 强迫性思维指不受个人意志控制，某种想法、冲动、情景反复多次出现在脑海中。通过反复确认、反复清洗等多次重复的某种行为才能够解决强迫性思维中产生的焦虑，这种行为就叫强迫行为。强迫性思维与强迫行为经常同时出现，大体可分为以下几个类型。确认：担心出现失误，反复检查；洗涤：担心被污染，反复清洗；囤积：认为某些物品将来有用，因此拒绝扔掉，一直堆放在家里；侵入式思维：冲动性想法（比如性冲动的想法或某些可怕的想法）不受个人控制，反复出现。这种人经常因为多次确认某项事情而导致约会迟到，家里堆满了扔不掉的东西，晚上看视频时也不是享受内容，而是看了又看。媒体报道一些极为罕见的事情，他们总是担心这种事会发生在自己身上。这在客观上放大了自己的焦虑。

小学、初中、高中乃至大学，所有入学都需要经过考试，在韩国的教育制度中一直强调不能出错。学生们为了不出错，必须反复确认，因此不知不觉间强迫性思维就出现了。韩国医学院里，管那些一天到晚都在学习的学生叫"奥博赛"（obse），其实就是"obsessive"（强迫性的）一词缩略而来。

如果给他们一本新书，很容易就能掌握他们的特征。他们看书不翻页，心里总是想："有没有被我落下的部分？"会花很长时间看，即使翻到了下一页，也常常翻回来再确认。久而久之，教材的第一页因为看得太多而变脏，整本书越往后翻却越崭新越干净。他们在学校学习、做作业时，容易受到各种事情打扰，经常要拖很长时间。

我想对小英说的是，你应该自己调整确认的次数和清洗的次数。记住这样的原则：门锁确认一次后就果断离开，哪怕心里又犯嘀咕也绝不回头；洗手也仅限于吃完饭或者上完厕所之后；洗澡呢，一天一次，每次设定一个闹钟，提醒自己将洗澡时间限定在20分钟以内。一般有强迫症的人，单靠个人的努力很难改过来，去找精神健康科医生或专家，做个准确的测评，定期服药，只要自己努力很快就能好转了。

用久了的东西要果断处理掉，特别是报纸、杂志、没穿过的衣服，必须处理掉。以后可能有用也可能没用的东西，也扔掉吧，最好不要囤积。只要你努力，囤积症状比其他症状更易改善，趁这个机会干脆来一次家庭大扫除！屋子打扫干净了，你复杂敏感的大脑也会变得更清爽。

读书的时候，先快速整体读一遍，然后再慢慢读细节。翻过一页就不要再回头，读着读着原先读不懂的地方自然而然就会懂的。平时多做一些需要在限定时间内完成的练习。如果某件事是明天12点之前必须做完的，要提前想好为了准时完成这件事自己应该以什么速度工作。而且，为了能按时完成任务，不重要的事情要果断放弃。

考试时，不要在不会做的题目上耽误时间，要快速做下面的。

先做会做的题目，之后再做不会的，这样时间上比较宽裕，反而更容易找出答案。你要想，自己不会的题目别人也不会做。如果一道题占用了太多时间，会毁掉整个考试。

如果和别人约了时间，你要把提前 20 分钟到达作为自己的行动目标，这样你就能按时到达了。一天之内不要约好几个人，自己定一个优先顺序。如果别人约你而你已经有了别的约会，不能去的话最好郑重拒绝对方。提前用手机确认好约会的地点，尽量减少不必要的时间浪费。

做作业时，提前想好什么时间把这个事情完成。比方说，如果是一个星期内要完成的作业，可以将截止日期输入手机。到时候也许还有一些收尾工作，或者需要打印、复印，这可能还需要一些时间，你最好将截止日期自行提前一天。

做作业时每天都要想着进度到哪里了。如果临近期限了，即使做得不够仔细，也要优先保证按时完成，完成比完美更重要。不要纠结于把图表做得更漂亮些，再找更多的参考文献，要注重按时完成。做 PPT 时，尽量不要在文件里插入动画，白底黑字的效果更胜一筹。

学习、做事就像雕刻家制作雕塑一样，都是首先削出一个大致轮廓，然后再一点点地精雕细琢。这就好比一个雕刻家要塑造人物，即使他说要把眼睛雕得漂漂亮亮的，也绝不可能先从眼睛雕起。

10.飞机恐惧症

玄子是一位 35 岁的未婚女性。即将步入婚姻殿堂的她有一个苦恼,那就是飞机恐惧症。她男朋友还不知道她有这个问题,也不能理解这种病症。玄子只要一想到搭乘飞机,就担心自己"可能被关在里面再也无法逃出",或"飞机发生空难会在空中解体",想到这些就无比恐惧。

其实她也不是一生下来就这样。她也曾经坐过飞机,从济州岛飞往日本,当时航程比较短,一切还好。她乘坐飞机去欧洲旅游时却出现了严重症状。当时她打算和朋友去欧洲背包旅行,玄子坐在经济舱靠窗的座位,她旁边坐着一个身材魁梧的外国人。这位外国人一上飞机就睡着了,玄子感觉自己被关在了外国人和窗户之间狭小的空间里。飞机升空后遇到了气流,出现了严重的颠簸，邻座外国人的胳膊肘压住了玄子的手，玄子瞬间觉得浑身冒冷汗，呼吸困难，飞机马上就要坠落的恐慌一下子将她淹没了。当时距离目的地法兰克福机场还有10个小时，但她一秒都睡不着，觉得自己深陷座位无法抽身，整整被恐惧折磨了10个小时。回韩国的飞机上她那种恐惧感也没有消失。

更令她伤心的是家人、朋友没有一个人能够理解她的痛苦，他们都觉得没什么大不了的，给出的建议也是"喝点牛奶""喝点红酒""吃点牛黄清心丸"之类的。大家不能理解她也就罢了，还把这个病说得这么轻巧，认为不值一提。

● 专家建议

虽然我们平时总能看到飞机坠毁之类的报道，但事实上从搭乘的时间长度来看，乘坐飞机比其他交通工具都安全。玄子对乘坐飞机的恐惧属于广场恐惧症或幽闭恐惧症的一种，很多人都有这个病。

广场恐惧症（Agoraphobia）

指在无法及时逃离的情况下，对自己孤立无援状态的恐惧。该病的发生地不仅限于飞机，也可能是地铁、只有前门的大巴、剧院、不透明的电梯、大型超市、教堂。搭乘地铁或巴士时，如果乘客较多，症状则更加明显，严重的时候可进一步演化为惊恐障碍。

一般来说，人们发病时最开始感觉呼吸不畅，脖子像被什么勒住了似的。进食时感觉喉咙被卡，难以下咽，有异物感，浑身出冷汗，心跳加快，甚至超过每分钟100下，也有人出现尿频。当飞机遇上气流发生颠簸时，严重的可能会导致惊恐障碍，脸色煞白，晕倒。整个飞行过程无异于经历了一场酷刑。

有些人比一般人更敏感、更单纯，也更为胆小。女性患者中大多是那些外表出众的人。明星艺人、主持人、模特、歌手、设计师等需要获得他人关注，较为敏感的职业里容易出现该症状。

这样的人可能自己都不知道，他们对咖啡或咖啡因非常敏感。不仅仅是咖啡，还有绿茶、红茶、巧克力、部分头痛药、滋补品、功能饮料中也含有咖啡因，摄入咖啡因就会心跳加速、呼吸困难，这种症状与搭乘飞机时有些许相同。研究显示有广场恐惧症或惊恐障碍的患者摄入咖啡因后，54%的人会焦虑恶化，17%的人会诱发恐慌发作。[10] 有广场恐惧症的女性，特别是在月经期到来之前焦虑格外严重。因此有广场恐惧症或有惊恐障碍的人要特别注意，最好不要在飞机上喝咖啡。

如果你仔细观察，这类人的母亲或其他兄弟姐妹可能也会有类似症状。飞机恐惧症也是如此。研究结果显示，这样的人肝脏分解咖啡因的功能比一般人弱，也就是说，即使是少量咖啡因，在他们身上持续作用的时间也比别人要长。

有飞机恐惧症的人在乘坐飞机前，如果能把准备工作做足就会好很多。有惊恐障碍的人最好去精神科找专家，做准确的心理咨询，服用处方药物之后再搭乘飞机。候机时服用最好，上了飞机之后再服药效果多少会打些折扣。再次乘机时如果还能够注意以下几点，可能一下子病就好了。

首先，提前到达机场，预定过道一侧的座位。邻近过道的座位可以让你轻松地离开座位，有助于减轻广场恐惧症。其次，在飞机内不要饮用咖啡、绿茶、红茶等，可以饮用橙汁及白水。啤酒或碳酸饮料没有太大的问题，饭后产生的饱腹感有助于缓解紧张。即使感觉咽喉有异物，也不必太过担心，那是敏感造成的。

再次，要记住，就算飞机遇上气流颠簸，也不会坠毁的，最新型的设计完全承受得了气流的考验。飞机失事绝大部分是飞机出现故障，或受到外力冲击导致的，极少因为气流坠毁。据美国联邦航空管理局（FAA）统计，美国每天有 260 万人选择乘坐飞机出行，2017 年一年内因为气流受伤的乘客只有 17 人。[11]这个比例较之汽车事故可以说相当低了。

第四，如果呼吸困难，可以慢慢地尝试腹式呼吸法。如果还是没有效果，可以把塑料袋放在嘴边，只呼吸塑料袋内的空气，这个方法很管用。因为自己呼出的气体中二氧化碳含量较高，再次吸入这些气体时恐慌症状多少就有所缓解了。

11. 对上级的恐惧

民洙是一位30岁的男性，正在读经营学博士。他性格好，跟同学相处融洽。中学时因为学习努力，经常被当作模范生。他的人生看似一帆风顺，唯独有一点，就是他害怕见到自己的导师——金教授。这位金教授是一位怪人吗？

据其他学生说，这位金教授并非那种高高在上、令人生畏的人。只是在指导学生论文时，如果发现错误，他会当场指出，眼神犀利，嗓门也高。但他只是对事不对人，学生和同事都认为他这个人很酷。

民洙只好承认问题出在自己身上。几天前见教授时，他眼神慌张，全身直冒冷汗。不知道的还以为他挨了骂，但事实上根本没有。他哪怕路过教授的办公室也会心跳加快，甚至还想："要是这样的话我是不是应该趁早放弃学业？"读过博士的人都明白，一旦踏入了学术界，想要离开就太难了。那些没能拿下学位的人多半被认为是无能的人，因此一个博士生如果不能得到导师的认可，意味着他的前途多半也不会顺遂。本科的同学都早已就业，现在再回头找工作已经太晚了，那些没能按时写出论文或者没能按时毕业的学长，在社会生活中永远都慢人一拍。作为曾经的模范生，民洙不想当那种落伍者，可又实在不知如何是好。

专家建议

在上级、长辈面前能够毫无负担、泰然自若的人很少。特别是大学里要拿学位的学生，与导师是师徒关系，心理负担更为沉重。像民洙这样，跟其他人相处都很融洽，唯独与上级的关系有障碍的人，应该思考一下是上级的哪个部分让你不舒服。

民洙说自己只要与导师同处一室就会呼吸不畅，去导师办公室的感觉就像上刑场一样可怕。他的导师虽然性格比较耿直，但并不是那种可怕的或者有问题的人，他自己也完全认可这一点。

他说自己本来没想过要学经营学。高中时很喜欢读书，立志要读国文系，为此跟父亲产生了很大的矛盾，甚至还挨了父亲的打，但最终拗不过父亲，报考了经营系。万幸的是后来民洙学习很好，跟朋友们也相处融洽。他说父亲的选择是正确的，自己一直非常感谢父亲。

民洙认为自己是一个自律的人，平时不怎么喝酒，学业上非常努力，成绩很好，但是他也明白自己并不喜欢经营学。一个人的时候民洙经常陷入沉思，其实他对数字、统计没什么兴趣。

每当父亲向别人炫耀自己的儿子在名校读经营系时，他就遏制不住怒火，但他一直都努力地压抑自己。当民洙对导师愤怒的时候，他感觉控制不了自己的怒火。但是因为导师能够左右他的未来，所以他不能把自己的情绪暴露出来。

他心里其实一直都有"对权威的愤怒"，虽然长期以来都克制得很好，但现在看来到达极限了。我们活在这个世上，无法避免地会遇到权威人物，比如职场里的上司、经理、政客，这样的人在我们的生活中不计其数。

我建议民洙，研究生毕业后，找一份出版业的工作。我觉得这样的工作比起一般工作来说，氛围更自由、更平等一些。当然这可能不是他父亲心目中的理想工作，但我认为能更好地发挥他的能力，也能减少他的焦虑，我相信他父亲最终还是会满意的。

了解自己，然后才能选择合适的工作和配偶，在人生的关键节点做出无悔的选择。虽然我们不能改变过去，但可以通过了解自己，改变我们的未来。

12. 想要获得所有人的认可

慧智今年 22 岁，梦想是当一名艺人。她目前还毫无名气，作为一名练习生，除了练习唱歌、跳舞，其他大部分时间她都用在社交网络上，上传自己穿新衣服或者做饭的照片，在个人空间更新状态，点赞数和浏览人数都能够决定她一整天的心情。她还没有正式出道，因此十分渴望得到他人的认可，这种渴望发展到了极致。她的计划是逐步上传更刺激、更引人关注的内容。每天的浏览人数如果少了，她就会情绪低落，她对这些太在乎了，完全不能淡定。

有一天她看到有人上传了她演出的视频，而底下的评论区全是对她演出水平和外貌的批评。在网络恶评面前，她觉得自己就像个透明人，毫无还手之力，甚至产生了想死的冲动。

那天晚上她完全无法入睡，只做了一件事——把所有与自己有关的恶评都找了出来。"看来人人都讨厌我，我就应该消失。"她整个人都跌到了谷底。

专家建议

网络恶评就像笼罩着社会的阴云，直接导致了一些艺人的自杀，助长了整个社会的矛盾。艺人自杀会导致普通人自杀率升高，这种"维特效应"正在引起人们的重视。

维特效应（Werther effect）

名人自杀导致普通人纷纷效仿的现象。维特是歌德的小说《少年维特之烦恼》中的主人公。18世纪末，这本书的出现让欧洲效仿维特自杀的人数迅速增加，由此产生了这个名词。我所在的研究小组调查了韩国2005—2011年7年内自杀身亡的94 845人，发现其中18%的人自杀时间集中于名人自杀后的一个月内。[12] 一位名人自杀前的一个月内，日均自杀人数为36.2人；而在这位名人自杀后的一个月内，日均自杀人数为45.5人，增长了9.4人（25.9%）。很多二三十岁的女性甚至效仿名人自杀的方法。从名人死亡后自杀率大幅增加这一点来看，这一倾向尤为强烈。[13]

网络恶评是个必须铲除的社会顽疾，国家应该出台规章制度及论坛管理条例，不能让受害者一个人默默承担恶果。最近有的论坛系统已经禁止发表网络恶评。

我首先想对慧智说的是，在网上给你恶评的人并不是你的粉丝，也不是普通民众，而是一小撮特定的人。他们恶评的对象不仅仅是你，对其他人也会恶意评价。因此完全没必要在这种事上面耗费精力，更没有必要在社交网络上上传自己的私人生活视频及个人感性文字去吸引这些恶评者的注意。最好将精力放在创作出更好的作品上，以此回馈喜爱你的粉丝。

虽然慧智的职业要求她尽量去吸引别人的关注，但也没必要吸引所有人的关注。要有选择地去集中注意力，尽量吸引自己粉丝的关注。重要的是用自己的作品和实力赢得粉丝长久的喜爱。

慧智为什么想当艺人呢？是为了得到别人的关注，还是想用自己的作品感动别人呢？

如果因为别人对自己的关注度不够而苦恼，那就应该分析一下你的自尊心。自尊心不是别人给的，而是从自己的事业中感受到的存在价值。

大众的关注度是随时改变的。与其在网络上拼命炫耀，不如多听听专家对自己作品的评价反馈。我相信那些能够给慧智有益忠告的人以后会成为真心为她加油的粉丝。

13. 一到考试就拉肚子

周亨今年40岁,他的学历很光鲜,名牌大学热门专业毕业,为了满足父母的期待,他开始准备考公务员。过去的10年间,他一直生活在首尔备考生的聚集地——鹭梁津。除了学习,他一切的生活问题都靠网络解决。别人的生活他毫无兴趣,也从不关心国家大事。就连总统选举、世越号惨案这种让整个韩国社会都震撼的大事,他也是一副事不关己的态度。情感对他来说是一种奢侈品,现在的他没有资格拥有。但是他的考试之路并不像他想象的那么顺利,持续的时间太长,如今他年龄大了,发现自己已经难以适应这个社会,却不得不从零开始。

他说不管自己主观上如何抑制,但身体仍会出现敏感的症状,其中最严重的就是"腹泻"。从几年前开始,一考试他就会腹泻。

越是临近考试日期,他就越紧张,肚子也开始隐隐作痛。一到考试前一天,他就毫不例外地开始拉肚子。考试途中他也要跑好几趟厕所,以至于考得一塌糊涂。这种情况并非偶然,现在他一去考场就要先确认卫生间的位置。

他觉得自己肠胃比较敏感,因此平时很注意饮食,凉的东西根本不沾。他去内科做了肠镜检查,还吃了消化药和清肠药,可是却没什么效果。即使服用止泻剂,肚子里还是像开锅似的,随时要爆炸。最后他找到了一个绝妙的办法,那就是考试前一天滴水不沾。但是这样一来他又毫无力气,还是考不好。一想到自己因为考试腹泻而影响了正常发挥,他的心里就无比焦虑。

专家建议

考试,对任何人来说都是无比巨大的压力。一些比较敏感的人考试时由于过度紧张,无法发挥出平时的实力。据一些对考试格外紧张的人说,他们曾在考试中途哭泣,或者拿到试卷的瞬间大脑一片空白,什么也想不起来。像周亨这样一紧张就拉肚子的情况,被称为"过敏性肠道综合征"。

我们的肠道与大脑的联系非常紧密,向大脑发出信号的同时,也接收来自大脑的信号。如果大脑表现得忧郁,变得敏感,那么肠道也会随之变得敏感起来。美国对"脑-肠轴(Brain-Gut Axis)"的研究非常深入。人们肠道中的微生物因人而异,微生物产生的物质被血液吸收进而影响大脑。

有些人脑－肠联系非常敏感，精神稍一紧张就会影响到肠道蠕动及消化，有的人则并非如此。但有时腹泻也并非完全由于精神压力，也可能是因为吃了寒凉的食物，或者腹部保暖工作做得不够。如果腹部着了凉，人的消化功能就会比较弱。

周亨在考试上用了 10 年的时间，听着就让人很难过，我知道，这需要超强的耐力。但是没人能保证学得多就一定考得好。只有减少考试紧张才可能考出好的结果。

我看了周亨的每日安排，从早晨 8 点到凌晨 1 点，除了吃饭，一整天都在学习室里复习备考，看与考试有关的书。如果按学习时间来选拔合格人员，他绰绰有余了。但仔细分析不难发现，他坐在书桌前的时间里有一半都在分神。对即将到来的考试的恐惧，对未来的不安，不想让父母失望的想法，等等。我看到各种小纸条上都写着反省与下决心的话语，整整齐齐地贴在他的书桌上。

心脏所输出的血液有 15% 都给了我们的大脑。只有氧气与葡萄糖的供给充足，减少紧张，大脑的功能才能发挥到极致。对周亨来说最重要的是长期记忆，就是刚刚看过的书到了考场上也要记得起来，这并不是一定要花费大量时间才能做到的。用"熊瞎子掰苞米——掰一个扔一个"的方法学习是不行的。他应该采用丰富多彩的学习方法强化记忆。比如一边看书一边模拟考试，找朋友组成学习小组，通过讨论来学习。找个小册子，把重要的内容记在上面，一有空就拿出来看看。与其 30 分钟读 5 页书，不如花 20 分钟先大体读一遍，第二天再拿出 10 分钟精读，这样就可以形成长期记忆，记忆效果更好。

随着考试日期的临近，腹泻会让周亨的注意力更容易分散，人也更紧张，继而回忆起以前考试落榜的经历，恶性循环开始反复。对于这样的人，及时调整身体状态最为重要。考试前要保证睡眠充足，饮食规律，吃的食物也要选择对肠胃刺激较小的，尽量避免冰激凌等寒凉的食物。

考试当天最好提前一小时到达考场，适应一下书桌。卫生间尽量提前去，还可以看看自己平时记录重要内容的小册子。要熟悉考试几点开始，到几点结束，心中对自己的做题速度有个大体的估算。咖啡或者咖啡因含量高的饮料有提神醒脑的功效，最好不要饮用。

如果这样还是调整不好，那最好去精神科找医生咨询一下，会有很大帮助。医生可能会诊断为"焦虑障碍""过敏性肠道综合征"，有几种药物对这种状况有效。

等迈过了考试这道门槛，一紧张就拉肚子的症状自然会消失，身体也会恢复正常，然后彻底转变为一个崭新的人。这样克服困难华丽变身的患者我见过好几位，他们最终考试顺利通过，家庭美满幸福。我相信周亨也一定可以的。

14. 听不得批评的固执男

世界上总有那么一类人，做事的时候计划和开头都非常顺利，可总是虎头蛇尾。不管他是否有实力，总是半途而废必然会让他的信誉蒙受损失。这样的事发生几次后，周围的同事们不管和他一起合作什么项目都会预料到没有一个好结果。在中小企业上班的泰亨（38岁）就是这样一个人。

他总是很敏感，"无法干脆利索地收尾""与小组成员有很多矛盾，总是忍不住发火"，这些都是贴在他身上的标签。因为这种性格，他还不到40岁但已多次跳槽，这是他第5份工作了。就在最近的项目进行过程中，他再次招致同事的不满，正在考虑离职。

他说："每次有新项目开始，如果别人对我的项目计划提出批评，或者要求我修改，我就接受不了。"他的这种性格招致周围人的不满，大家认为他"固执""总是太敏感"。总而言之，他属于感情用事的类型，有了矛盾他也毫不掩饰，搞得同事们很不舒服，最终导致整个团队没心思努力完成任务，人人只想草草了事。

泰亨的性格如此，跟妻子的感情也好不到哪去。夫妻俩有一个正在上幼儿园的女儿，但是在养育子女的问题上，两人价值观差异很大，动不动就吵架。特别是最近女儿有些不适应幼儿园，泰亨就怪罪妻子，推卸责任。他妻子也不是轻易认输的性格，跟他大吵了一架，甚至提出要离婚。吵架后泰亨喝了很多酒，反复在想自己的生活为什么搞到了这步田地。

💬 专家建议

在手工作坊盛行的时代，匠人非常重要。他们被称为"大师"，是那些几十年埋头苦干，最终创作出传世之作的人。但是在现代社会，没有什么事一个人能够从头到尾完成。经常是几个人合作完成一件事。每个人都有自己的个性和自己的意见，要让他们在工作中拧成一股绳，就需要具备高超的沟通能力。

想要工作善始善终，一方面要虚心接受同事的意见，另一方面就是一定要保证在规定时间内完成。如果有人批评你或给你提出意见，首先要端正态度，你要想："这不是对我的人身攻击，他们的批评可以让我发展得更好，让我做得更好。"

跟别人提出自己的想法时，最好用温和的态度娓娓道来，让对方产生同感。首先要肯定别人意见中优秀的地方，必要的时候即使改变自己的意见也要愉快地接受对方的意见，要具备这样的灵活性。如果对方的想法与自己的想法不符，一定要认真听到最后，再慢慢讲出自己的意见。

工作中产生矛盾或伤了和气，浪费了时间，那就很难有个好结果了。平时多和同事一起聊些轻松的话题，多进行感情交流，就不会有那么多矛盾了。请他们吃顿午饭，或者请大家喝啤酒吃炸鸡，表面上看是你损失了，但事实并非如此，这些小事会让你们彼此产生信赖，缓解紧张情绪，吃点好吃的、聊聊天，都有助于工作的开展。

和妻子相处也是这个道理。一般说来，女性要比男性更富于母爱，养育子女的观点与男性有很大不同。越是优秀的母亲越是喜欢与子女交流感情，女儿小的时候，看着她的眼睛冲她微笑，拉着孩子的小手帮助她学习走路；上幼儿园后，多打听孩子有哪些朋友，陪她玩，晚上读书给她听，抚摸她的头发。因为女儿的养育问题，夫妻二人发生了争吵，这说明泰亨对育儿的基本常识一无所知。妻子每天跟他生气吵架，哪还有余力向孩子传递良好的情绪呢？他们夫妻闹矛盾，受伤害的终究还是孩子。

为孩子读书，跟孩子聊一聊她画的画，分享情感和经验，这很重要。如果能更多地照顾并尊重妻子的感受，在养育孩子时就会收到意想不到的效果。孩子是会向父母学习的。

为了能够善始善终，无论工作还是家庭，都需要情感交流，相互之间拥有共同话题。听了别人的话语，要用身体和心灵去记住。坚持自己的想法，其实没有你想象得那么重要。

15. 稍有不顺就想到死

24岁的大学生成哲每当不顺心的时候就会说"我想死",性格非常消极。他这么说并不意味着他真的想死,只是用极端的语句来表达自己内心的痛苦。来到精神科进行心理咨询,他是这样形容自己的内心世界的。

"做事稍有不顺我就想到死。""我不是真的想死,但严重的时候我也想过,要不死一次试试?""有时我觉得大家好像都在嘲笑我,那时想死的冲动会更加强烈。""喝了酒我会发很大的脾气。"

学习成绩不如意的时候,与女朋友吵架的时候,被母亲斥责的时候,甚至肚子饿了、打游戏打不好的时候,他总是说:"我想死!"

成哲的家人并不知道,有一次他真的试图自杀。与初恋女友分手时,他喝了酒,一时冲动去了汉江边。他觉得最痛苦的是不明白自己为什么要活着。他心里一直疑惑:"活着并没有什么意思啊,为什么一定要活着呢?"

有一次他走在江南大路上,觉得每一个路过的人都在盯着自己看,好像都在咒骂自己。"那些人说说笑笑的,好像都在嘲笑我。"此外他发现很多人明明是第一次见,他却觉得对方让自己非常不舒服。他性格易怒,几天前在公交车站候车时,差点和插队的人动起手来。

朋友们和成哲一起喝酒,说"开始他精力旺盛,后来就会异常敏感,朝朋友们发火,辱骂别人,让人很不舒服"。他们也表示,多次听到成哲说"我想死"。

事情回溯到成哲在部队服役时,那时成哲也因为这种性格出过事。成哲是义务警察,退役比较晚,他所在的部队有个新兵犯了错,成哲大声斥骂那个人,为此遭到了惩戒。每次在车站等车的时候,他都觉得呼吸憋闷,更容易发火。

幸运的是成哲希望自己从想死的冲动中解脱出来,也愿意改变自己易怒的性格。他能做到吗?

专家建议

有句俗语叫"一语成谶",意思是无心之言反而会成为现实,因此应该谨言慎行。经常说"我想死"这样的话,就会让你实际产生更多这样的想法。每次遇到困难，都会认真考虑自杀，从而变得更加危险。

韩国自杀问题现状

根据统计厅的《2018年死亡原因统计》，2018年一年中，自杀而死的有13 670人，占所有死亡人数的4.6%。占10岁、20岁、30岁年龄段死亡原因的第一位，40岁、50岁年龄段死亡原因的第二位。韩国在经济合作与发展组织国家中自杀死亡率排第一位。[14] 根据《2018年心理剖析访谈结果报告书》，270位自杀死亡者中，自杀之前有自杀迹象的为249人，占比92.2%（图14）[15]。19—35岁的青年中，与异性朋友发生矛盾、分手后自杀的情况占总人数的27.5%。[16] 大多数人成年以前在家庭内部有过创伤经历。

成哲整天挂在嘴边的"我想死"，其程度大体相当于"真可气"或"真累人"。那他为什么要用这么极端的表达方式呢？我认为成哲比一般人更容易发火，有一种易怒倾向，特别是喝酒之后，变得无所忌惮，情况更为严重。那些易怒的人讲话都有同样的特点——态度强硬、措辞极端。

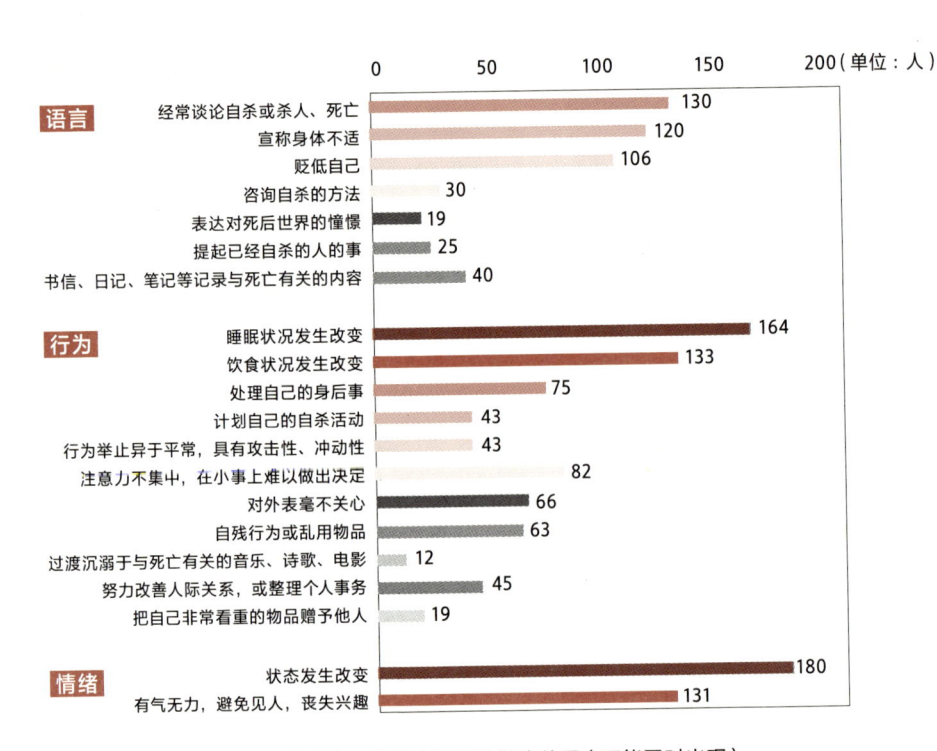

语言
- 经常谈论自杀或杀人、死亡 130
- 宣称身体不适 120
- 贬低自己 106
- 咨询自杀的方法 30
- 表达对死后世界的憧憬 19
- 提起已经自杀的人的事 25
- 书信、日记、笔记等记录与死亡有关的内容 40

行为
- 睡眠状况发生改变 164
- 饮食状况发生改变 133
- 处理自己的身后事 75
- 计划自己的自杀活动 43
- 行为举止异于平常，具有攻击性、冲动性 43
- 注意力不集中，在小事上难以做出决定 82
- 对外表毫不关心 66
- 自残行为或乱用物品 63
- 过渡沉溺于与死亡有关的音乐、诗歌、电影 12
- 努力改善人际关系，或整理个人事务 45
- 把自己非常看重的物品赠予他人 19

情绪
- 状态发生改变 180
- 有气无力，避免见人，丧失兴趣 131

图14 自杀者死亡前表现出的警告信号（可能同时出现）

据成哲母亲表示，成哲跟他父亲一模一样。他父亲现在退休在家，几乎每天都会喝酒、发火。刚好符合我们常说的社会负能量类型的人，好在他一直好好工作。据说父亲跟成哲一样，经常说"我想死"这类的话。也许成哲就是跟父亲学会了这句口头禅。

父母的性格和语言习惯会影响子女，或者遗传给子女。很多人小的时候非常憎恨父亲整天喝酒、暴躁易怒，但不知不觉间自己也长成了那个模样。这应该属于"向攻击者认同"。这样的人敏感、尖锐，暴躁易怒。

总感觉别人在盯着自己看或者在辱骂自己，甚至包括完全不认识的人。这叫作牵连观念，多发生于抑郁症、焦虑等情况下。如果问那些人有没有盯着成哲看，他们肯定回答根本没有，那些酒馆里发生的争端完全是成哲臆想出来的愤怒造成的。

"我想死"这句话可以看成是把自身的攻击性与愤怒发泄在自己身上。当你产生"我想死"这种想法时，最好换成别的话语试试。把"我想死"换成"下次我要好好干"；不要说"今天和女朋友吵架了，我真想死！"而是说"今天和女朋友吵架了，下次我要好好表现"；"房间里又脏又乱，挨了妈妈的骂，下次我要好好打扫"。

那些酒后犯错的人最终还是要直面问题的。自身的愤怒或攻击性突然暴露出来是很危险的。这样的人应该寻找一种不用喝酒也能交到朋友的方法。越是喝酒精度高的酒，他的冲动也越明显。应该尽可能喝一些酒精度低的酒，喝酒频率也要尽量降低。

最重要的是你要找到生活的意义。生活的意义主要通过你和众人的关系来确定。要营造出见面能够让人感到舒心、忘记时间的流逝这种有趣的人际关系。多和与自己有相同爱好，或者上相同学校的伙伴聊天。与人交谈时，要真心倾听他们的话语，不是一定要聊得很深，混个脸熟，谈一些轻松的话题就行。

如果你有了良好的人际关系网，就能从父母的影响下走出来了。如果此前对你影响最大的人是你的父母，这不是你能够选择的。但今后你人生中要遇到的人则是可以选择的。一颗石头在上游的时候有棱有角，沿江而下，被江水冲刷后就变成了圆润的鹅卵石。受到各种各样的人影响后，你的想法和态度都会变得温和。

温和、灵活的态度可以让你遇到更多的人，交到更多朋友。到时候你会想："这个世界真宽广，人的性格真多元。"到时候你自然而然就知道如何回答"我为什么要活着"这个问题了。即使现在你在自己所处的环境中找不到答案，但是随着你与越来越多的人建立了联系，向自己发出更多的挑战，这个过程中相信你一定会找到生活的意义的！

16. 永远达不到父母的优秀

我们身边经常有这样一些人，父亲是大学教授，儿子别说是当教授，就连考父亲所在的大学都很困难；母亲是学校校长，女儿想考进首尔的大学都没考上；父亲是医学院教授，儿子考了三次才好不容易考进了一所地方医学院；父亲是著名检察官，女儿却是个惹事精……40岁的峰谨就是这样，父亲是一家中小企业的社长，可他完全不像父亲那么出类拔萃。

他的父亲当年白手起家，如今年近八十依然站在企业经营的一线，每天早晨7点准时上班，在工厂里转一圈，然后主持开会，是一位既勤勉又诚实的榜样性人物。峰谨也在这家企业上班，其他职员都知道他是社长的儿子，父亲的优秀对他来说是一种负担，他特别讨厌人家说他不如父亲。他的性格比较谨慎，为了尽量避免被别人嚼舌根，他一直非常注意自己的言行举止，穿着整整齐齐，说话也小心翼翼。

压力在不知不觉之间累积起来，最终还是爆发了。三天前公司召开新产品战略会议，峰谨做一个发言。会议开到一半，他父亲事先没打招呼就来了会议室，当时所有人马上起立欢迎，几乎没人关注峰谨的发言了。紧张的会场一时松懈下来，职员们开始互相说话，峰谨感觉他们在讽刺自己的发言。

这时他与一个人四目相对，峰谨顿时感觉天旋地转，呼吸不畅。就像电视画面突然消失了似的，眼前一片漆黑。等他睁眼醒来时已经躺在医院的急诊室了。

"我突然喘不上来气，好像要死了。""我不想去上班，我没自信。""心情抑郁，每天都非常疲惫。""只要出现在众人面前我就头晕，喘不上气来。"峰谨在医院做了核磁共振，结果显示没有什么问题，但只要他一去公司，头晕的毛病就开始犯。

峰谨对父亲说："我要辞职。"父亲训斥他"没出息"，当时他感觉呼吸不畅，眼前一片漆黑。

💬 专家建议

一些事业有成的父母为了后继有人，对子女严加管教。大部分成功人士都倾向于保持严格的家风，希望自己子女的工作能力可以得到公司职员的一致认可。

峰谨在父亲面前已经晕倒过几次。医院告诉父亲，峰谨没什么大问题，因此父亲决定要用更严格的要求锻炼儿子。然而峰谨却担心这种事情再次发生，他太焦虑了，也担心被别人看到丢脸。

其实峰谨从小就将父亲视作自己的人生榜样。因为他是独生子，所有人都自然而然地将他视为父亲事业的继承人。但他似乎并没有继承父亲超强的行动力与领导力。敏感害羞的性格让他每

惊恐障碍（Panic disorder）

指恐慌发作以猝不及防的形式反复出现的情况。严重恐惧及痛苦突然袭来，几分钟内可达到最高点，在这段时间内，以下症状中可能会出现四种以上。

1. 心动过速（心脏跳动加快，或心脏搏动的次数增加）；
2. 发汗；
3. 身体抖动或晃动；
4. 呼吸急促或感觉压抑；
5. 窒息感；
6. 胸痛及胸口不适；
7. 恶心及腹部不适；
8. 头晕、不安、发蒙、要晕倒；
9. 感觉寒冷或燥热；
10. 感觉异常（感觉迟钝或有刺痛感）；
11. 虚幻感（感觉一切都不是现实）或精神分裂（自己与自身分裂）；
12. 感觉无法控制自己或马上就要疯了，十分恐惧；
13. 濒临死亡的恐惧感。

次站到众人面前时总是非常焦虑，担心出现失误。

在高敏感人群中，很多人都非常恐惧在众人面前讲话。听众的眼神让他们背上了沉重的心理包袱，严重的时候甚至诱发恐慌发作。恐慌多次发作的话就被称为惊恐障碍。

峰谨感觉好像突然停电一样，眼前一片漆黑，这是血管迷走性晕厥，产生原因是高度紧张，血压下降，导致晕倒。

血管迷走性晕厥（Vasovagal syncope）

晕厥中最为常见的类型，也称为"神经心脏性晕厥"，通常发生于身体、精神极度紧张之后。脉搏与血压迅速下降，供给大脑的血液减少，造成短时间内失去意识。主要原因是那些能够引起极大的身体压力及情绪紧张的事。
前兆是脸色苍白，伴随有发汗或者恶心感，突然眼前一片漆黑，晕厥。

一旦出现惊恐障碍或血管迷走性晕厥症状，必须立刻去精神科就医。因为无法预期是否会再次出现晕厥，生活质量可能大幅下降。

在我看来，峰谨太希望自己能够像父亲那样优秀了，压力过大。在峰谨演讲或挨训的时候，压力导致他精神高度紧张。这种情况下，我建议他尽量减少与父亲直接见面的次数，在公司里找自己得心应手的工作来做。如果有距离本部较远的分公司，去那里工作也是个不错的方法。

峰谨最好能与父亲分开，靠自律用自己的实力完成一项工作任务。在父亲面前一直紧张的话，可能导致他再次恐慌发作，那样不仅会让他自信全无，还会让他对其他职员的眼光更加敏感，变得更加畏首畏尾。做到与父母分离个性化（separation-individuation）是一种非常重要的人生经历，既可以减少自身敏感度，也能够锻炼自主能力。与父亲分开后，如果峰谨能够拿出让父亲满意的工作业绩，自然会更加自信，也可以培养出引导事业走向成功的领导能力。

17. 依赖安眠药入睡的女人

人们可能都有过睡不着觉、不安焦虑的经历。当然有人是因为太忙，不得不牺牲睡眠来处理工作，但大部分人之所以饱受失眠的折磨，则是因为躺下睡不着觉的睡眠障碍。这些人大部分处于敏感状态，无法入睡，失眠让他们更为敏感，深陷恶性循环的痛苦地狱之中。

42岁的职场妈妈圣熙每天都要吃两三粒安眠药才能入睡，这源自一场事故。半年前，她把孩子送入幼儿园后，开车上班的路上与一辆左转的车相撞。她的车当时就被撞瘪，几乎报废，不幸中的万幸是她几乎没有受伤。她联系了保险公司，事故以双方和解的方式得到了圆满解决。但是不知为什么，三个月前她开始出现症状，变得干什么都提不起兴趣，很小的声音也能让她一惊一乍。每次开车手握方向盘时，就会担心旁边有车突然闯出来，因此开得很慢。这时后面的车又忍不了，按着喇叭超车，司机通常会狠狠地瞪她一眼或者做个不雅的手势。

这些手势让圣熙逐渐变得紧张兮兮，患上了睡眠障碍。每天晚上睡不着觉，她只能去附近的医院拿安眠药，服药之后才能安然入眠，也找回了食欲。可到了早晨打开冰箱，她又会惊慌失措，发现冰箱里空空如也，什么吃的都没有了，好像有谁来过似的。她马上报警，警察调查后得出结论——没有其他人从外部进入的痕迹。

专家建议

当我们的身体处于抑郁或者过分警觉状态时，最突出的一个表现就是夜里难以入睡。第二天一大早还要上班，但夜里却怎么也睡不着，这种痛苦着实折磨人。好不容易拖着疲惫的身体来到公司，却什么事也做不好，这当然让人恼火。

很多人经历了交通事故等意外后受惊过度，无法入眠。圣熙也是经历了严重事故后变得干什么都提不起兴趣，一些细小的声音都会让她受到惊吓。这是交通事故导致的警觉度过高。周围的噪声或楼上的噪声听起来格外刺耳，身边丈夫打呼噜的声音也格外让人难以忍受。

安眠药这种东西，短时间吃没什么问题，但我们并不主张长期服用，就是因为可能导致"与睡眠相关的饮食紊乱"，就是像圣熙这样半梦半醒地打开冰箱，在无意识状态下吃东西。

> **与睡眠相关的饮食紊乱**
> **（Sleep related eating disorder）**
>
> 指睡眠过程中，无意识的状态下进食。在睡眠状态中准备食品可能导致意外受伤，或进食有害物质，因此格外危险。该症状容易发生于入睡后的第一阶段，与睡眠中醒来有关联。如果家里安装了摄像头，就可以发现自己睡着后起床进食的情况。有人进食后把碗刷干净再重新入睡，自己却完全没有记忆，反而怀疑家里进了贼。该现象大多是由于服用了安眠药，但也有人并未服用安眠药，单纯源于睡眠障碍，这就需要明确的诊断结果。

除了与睡眠相关的饮食紊乱，人们饮酒后也容易在无意识状态下发火，变得更为冲动。当然，除了安眠药，很多其他药物也会导致与睡眠相关的饮食紊乱及冲动的发生。

重要的一点是圣熙在交通事故发生后，服用安眠药之前，针对警觉与抑郁问题应该寻求有效的诊断和帮助。这时候需要的不仅是丈夫和家人的帮助，也需要她本人为减少紧张而付出努力。既然安眠药导致了与睡眠相关的饮食紊乱，那我们不妨停止服用安眠药，寻求其他的解决办法。

我们人类的大脑对于事故的记忆，是通过杏仁核强化的。因此在类似的环境下，记忆就会不受控制地被激活，警觉度上升，导致睡眠中频繁做梦的"快速眼动睡眠"（REM）增加。如果警觉度降下来，做的梦自然而然会减少，受惊吓的次数也会下降。睡前尽量避免摄入咖啡、绿茶、红茶、巧克力等提升警觉度的食物，最好也限制一下看手机、电视的时间。开车时如果太过紧张，可以多多利用大众交通工具。丈夫和家人也应温和对待患者，避免生气、尖叫。

经历了交通事故，圣熙虽然身上没有什么外伤，但精神上的内伤还是有的。尽可能休息一个月，或者完成工作后早些回家休息。与其人在公司却什么都干不了，还不如干脆好好休息一个月，这可能对工作更有帮助。

交通事故后如果处理不好，会非常麻烦，万幸的是圣熙与对方达成了和解。照顾孩子的事也可以跟家人商量商量，暂时找个人帮忙分担一下。

18. 是记忆力下降还是老年痴呆

有些人经常出现记忆短路的情况，让周围的人不知所措。比如他记错或干脆忘记了约好的日期，这时约会的对象很容易认为自己被忽视了，进而对这个人产生不好的印象。但是真正让人痛心的是这些经常忘记约会的人，他们更讨厌自己出现这种情况，会因为讨厌自己而逐渐陷入焦虑之中。

美妍是一位48岁的家庭主妇，最近她经常出现一些令人哭笑不得的状况——把手机忘在了冰箱里，或者明明手里拿着钱包，却把整个家翻遍了找钱包。每当这种时候她都深感沮丧，并且陷入了焦虑不安。"忘记关煤气，把食物烧煳了，这种事已经发生了好几次。""干什么都提不起精神，我好焦虑！"伴随着突然记忆短路出现的，还有焦虑、低欲望症状，吓得美妍赶紧去医院拍了磁共振成像，做了各种检查。可检查结果却都是——"无异常"。

但问题并没有消失。她忘记去接高三的儿子，让儿子等了几十分钟，忘记按时交杂费导致不得不补交滞纳金。她担心自己是不是得了老年痴呆，自己要不要接受进一步的检查。

💬 专家建议

在高敏感人群中，很多人都表示自己的记忆力明显下降。但仔细检查会发现，他们下降的不是记忆力，而是注意力。比如，让他回忆刚刚说过的词语基本还可以，但让他们做加减法则非常吃力。虽然他们嘴里说非常担心自己刚刚说过的话转眼就忘，但如果给他们充分的时间让他们回忆，大部分时候还是可以回忆出来的。在实际的诊疗过程中，我们发现那些注意力下降或者患有抑郁症的人大多表示非常担心自己记忆力下降，也大多是自己主动接受诊治。与之相反，真正患有阿尔茨海默病的人则缺乏患病意识，总是说："我没问题，是家人带我来的。"他们大多表示自己很健康，但在实际生活中，或者藏匿物品，或者疑心加重，让包括配偶在内的家庭成员饱受折磨。阿尔茨海默病通常发生在60岁以后，极少会在40多岁的人身上发生。（表4）

表 4 老年抑郁症 vs 阿尔茨海默病

	老年抑郁症	阿尔茨海默病
发病年龄	60 岁前后	60 岁前较为少见
表现	心情抑郁	抑郁或普通忧郁
抑郁症状	抑郁，忧虑	无表情或生气
经过	突然发生，心情变得抑郁，记忆力下降	缓慢开始，与心情无关，记忆力明显下降
主观性记忆力低下	很常见，对自己记忆力低下表示担忧	认为自己没有问题
记忆力低下	提示后可以想起来	怎么想也想不起来，新鲜事物怎么学也学不会
处理速度	缓慢	正常
语言障碍	少见	随程度加深而出现
方向感	正常	经常出现丧失方向感的症状，无法找到自己家或洗手间
就诊时特征	自己主动就医，为自己记忆力下降而担忧，可以描述自己经历的各种情况	在家属陪同下就医，认为自己没有问题，对周围人或配偶产生疑心

问与答

抑郁症会演变为阿尔茨海默病吗？

— 65 岁以上第一次发现的抑郁症演变为阿尔茨海默病的危险较之常人高出 1.85 倍。[17] 但 65 岁之前发现抑郁症的则未表现出差异。

为了防止 65 岁以上第一次发现的抑郁症演变为阿尔茨海默病，我们应该做些什么？

－　有效地治疗抑郁症有助于预防海马体萎缩。[18] 有效控制血糖[19]、血压[20] 也有助于预防阿尔茨海默病。

镇静剂会引发阿尔茨海默病吗？
－　镇静剂可能引起短期内记忆力下降，但目前看来与阿尔茨海默病的发病没有关系。[21]

这样的人基本都有操不完的心。美妍就将全部精力都放在高三儿子的学业和考学问题上。如果难以区分是不是阿尔茨海默病，最好对他的方向感做个评估。如果是阿尔茨海默病，下降的就不仅仅是记忆力，还有方向感。比如患者与以前不同，经常找不到路或干脆找不到家，那么问题就很严重了。

我们要记住，过分担心自己是否患了阿尔茨海默病反而对记忆力有害处。如果检查结果不是阿尔茨海默病，那么就要强化意识。过于担心记忆力下降反而真的会造成记忆力下降。只要集中注意力，抑郁症患者是可以记住的，而阿尔茨海默病患者即使给他时间，他还是想不起来。

对于四五十岁的人来说，预防阿尔茨海默病最好的办法就是控制好血压、血糖，不要得高脂血症等，一旦出现这些问题，会严重影响到心脏和血管，为此需要保持运动，调节饮食。每天散步 30 分钟以上，即使再忙再累也要运动，这对提升记忆力和注意力很有帮助。

19. 注意缺陷多动障碍

20岁的基贤性格十分敏感,因为无法适应军队生活,最近刚刚接到了退伍的处理。他没有复学,而是选择在餐馆打工。他认为自己的人生就像一张揉烂了的废纸,考了三次,好不容易才进入大学,而这个学校却不是他的理想学校。他嫌父母整天啰唆,总是让自己心烦,每次听到父母啰唆,他就恨不得"打碎一切"。

之所以被部队清退,也是因为他这个性格。在一次新兵训练中,他们正在进行向左转、向右转的队形训练,他没有听清口令,教官指出了他的错误,当面批评了他。顿时他的心里翻江倒海,跑进内务班,不知不觉间他竟然自言自语地骂个不停。被人发现后,他被请进了军队的谈话室。最后基贤被认定为非常散漫、有较高冲动性,不得不接受了退伍的处理。

基贤知道自己性格有问题。他讨厌父母的管制，说军队里教官的规矩太过分，总之一直责怪别人。后来在餐馆打工，有一次他把客人点的菜搞错了。餐馆老板训斥了他，他顿时怒火中烧。自责的人心里清楚：责备是无穷无尽的。依基贤目前的情况来看，他最严重的问题是注意力无法集中，导致经常犯错。

💬 专家建议

像基贤这样，别人说的话听不清楚，一定非常痛苦，也非常愤怒。很多人都是听力或智力并无问题，但注意力不集中，演变为"愤怒调节"出现问题。就好像一台电脑的键盘不好使，无法输入信息一样，电脑再好也难以发挥它应有的功能。

注意力指在某一件事上集中思想意识的能力。举个例子，在一间嘈杂的咖啡馆谈话，就需要一种过滤能力，将注意力集中在对方所讲的话上，对其他的杂音则毫不在意。眼神也只是放在谈话对象身上，不被周围环境吸引分神。如果让基贤在一间嘈杂的咖啡馆与人谈话，我猜他一定比其他人更难以集中注意力。但如果让他在一间安静的房间里与人谈话，那他的表现可能与其他人别无二致。

越是紧张的环境，他就越是表现得散漫。基贤在陌生的军队环境里，跟大家进行集体训练时就更难以集中注意力了。考试时也是一样，越是紧张越难以集中注意力，考试成绩通常比平时成绩要差。很多小孩在幼儿园里表现得闹哄哄的，无法安静下来，上小学后，课堂上他们也无法安静地坐在椅子上，问题变得更为突出。他们经常遭到老师批评，跟同学们也玩不到一起去。

这些有"注意缺陷多动障碍"的小孩，到了上大学的年纪，通常不仅没有改变散漫的习惯，反而增加了容易冲动的特点。经常突然间情绪激动，与父母的矛盾尤为深刻，就像有愤怒调节障碍似的。在基贤身上，散漫与冲动都给他的社会生活带来障碍，让他出现抑郁症。心情抑郁、冲动上升后，他就跑去喝酒。饮酒之后易怒暴躁，变得更加危险。

注意缺陷多动障碍
(Attention Deficit Hyperactivity Disorder)

儿童时期开始持续表现出注意力不足、精神散漫、多动，具有冲动性的状态。上课时无法坐在座位上，四肢无法安静，动作匆忙。成年后经常更换工作，无法调节愤怒，易怒发火。具体可分为以下 3 种类型：
1. 注意力缺失型（inattentive）；
2. 多动、冲动型（hyperactive-impulsive）；
3. 混合型：以上两种特征都具备。

我认为基贤有必要尽早接受诊断与治疗，以免发展成抑郁症或酒精依赖，可以借此机会，接受专家的诊断，对自己的状态做

一个清楚准确的评估。

　　最好不要同时做几件事。对于注意力不够集中的人，一次只做一件事，保证做好一件事就行。学习的时候也是，一次只看一本书比较适合。上班或者打工时，对方说了什么立刻记在小册子上，一次只做一件事，这样可以防止失误发生。情绪越是紧张，注意力就越是下降，因此做事前应做好准备，提前到达地点再开始工作。如果喝酒喝多了，会变得更加易怒，这也会影响到注意力，因此平时尽量少喝酒，最好不要独自饮酒。

　　对于父母、朋友、陌生人，如果看到他们心里不舒服、要发火，请马上离开那个场合，抚平自己的内心，然后再和他们见面。如果出现法律纠纷，事情就会相当复杂了。对于像基贤这样非常容易酒后犯错误的人，要尽可能减少喝酒的次数并降低饮酒量。

20. 陷入心理创伤的泥潭

"心理创伤"这个词我们在平时的生活中经常用到。真的有心理创伤的人,就像整个人深陷泥潭而无法找到救赎之路。当人偶然处于一种可以唤起过去恐惧感的状况或条件下时,如果能够挣脱出来,问题自然解决,但事实上有心理创伤的人会感觉在这一片黑漆漆的回忆中,仿佛回到了过去的特定场景,再次经历当时的痛苦;感觉自己的心灵仿佛成了一座孤岛,周围的人都在纷纷离自己而去。

30岁的正美没有工作,每天都待在家里。她很害怕见人,就算迈出家门一步,都得深呼吸,因此一星期只能短暂出门一两次。她是别人眼中典型的宅女,每周只去一次超市,还得与妈妈同行。她在家的时候心情也难以平静,总是焦虑、抑郁。

如果意识到正美有轻微的抽动症状，那么她的行为就很好理解了。她在无意识状态下经常左右晃头，这种情况最开始发端于小学。可惜她的父母对此没有什么了解，只是狠狠地骂她，以为长大后自然而然就好了。但正美的症状不仅没有减轻，反而越来越严重，而且性格上也变得缩手缩脚。对这种行为举止与众不同的孩子来说，学校就是地狱。班级同学中有人模仿正美的抽动，把她当成一个笑料到处宣扬，肆意取笑，然后更多的人开始戏弄她。此后，学校就成了正美最害怕的地方，父母并没有保护这个"问题儿童"，反而一味地责骂，让她改掉抽动的毛病。

　　正美还是没能如父母所愿，于是父母决心送女儿去美国的中学留学。在美国上学期间，万幸的是没有人再像韩国的小伙伴那样取笑正美的抽动症状。开始时正美的英语不好，经历了一些困难，但她继续努力，到了高中英语水平已经有了非常明显的提升。但她的语调还是有问题，班里几个同学模仿她的语音语调，正美担心的事还是来了，她又变得寡言少语了。

　　大学时正美回到了韩国，此时的正美几乎没有了抽动症状，也不必再担心自己的语音语调问题。按理说正美是20岁的漂亮女孩，应该过上那种令人羡慕的生活了，但事实上，她不敢正视朋友的眼睛，觉得与人见面很有负担，一下课就回家，生活中根本没有朋友。

　　大学毕业后，她没有找工作，整天待在家里看小说，或者看电视剧、电影、时事节目，日子就这么一天天过去了。不知不觉正美迈入了 30 岁，父母看到女儿这个样子也是操碎了心。每当父母让她出门的时候，正美就理直气壮地说，外面可能会发生犯罪事件："外面太危险，我不出去。"现在，正美唯一的谈话对象就是母亲和自己的宠物狗——一只金毛犬。

专家建议

以前只有精神医学专业的专家才会用到"心理创伤"这个术语，现在这个词已经成所有人口中的日常词汇了。童年时的心理创伤会给人留下非常深刻的印象，即使成年也会产生影响。

正美的心理创伤与其说是"抽动症状"，不如说是抽动所引起的同学们的嘲笑与父母的责骂。

抽动障碍（Tic disorder）

抽动指突然出现迅速的、反复的、无节奏的、相同的动作或声音。分为只有动作的运动抽动，以及发出声音的发声抽动。如果兼具这两种症状，发病时间在 1 年以上，就被称为"杜尔雷斯综合征"。
1. 运动抽动（Motor tic）：眨眼，晃头，耸肩等；
2. 发声抽动（Vocal tic）："嗯嗯""呵呵"，干咳；
3. 杜尔雷斯综合征（Tourette's Disorder）：两种症状兼有，发出较大声音。

发声抽动与杜尔雷斯综合征一直会持续到成年以后，运动抽动一般仅出现于儿童时期，随着年龄的增长会自动消失。如果患者遭到嘲笑或父母的责骂，抽动症状就会加强，持续时间更久。抽动现象严重的话需要接受治疗，如果症状比较轻，本人和父母都不太注意，这反而有助于病情好转。

那些当年嘲弄、欺负正美的小朋友，自己可能也没想到他们的行为影响了正美的一生。老师应该及时制止，正美及家长如果就这个问题与学校进行充分的沟通和协商，情况就会好很多。然而父母只是责骂正美，让她改掉毛病，这并不是一个好的选择。正美的童年创伤让她无法构建正常的人际关系，即使去了美国，也没能解决这个问题。语言、文化完全不同的环境反而让她更难以交到朋友。正美已经习惯了被孤立，再和朋友在一起的时候，她就担心自己又会成为大家取笑的对象，加上总是担心自己的抽动症状再现，于是陷入深深的焦虑之中。正美现在虽然已经不再抽动了，但是不能走出家门，与社会生活完全隔绝，以这种状态度过了 20 岁，现在来到了 30 岁。如果继续这样下去，很难期待她的未来会有什么改变。

正美需要慢慢尝试从童年回忆的支配中摆脱出来，一点点开始适应现实社会。不要努力去忘记过去的记忆，而是努力创造新的记忆来填补过去的记忆，我认为这是解决问题的一个方法。正美只有改变自己的想法与行为，才能改善她的人际关系，进而适应社会生活。最好从最简单的改变想法与行为的方法入手。正美要把注意力集中在"这里与现在",可以先来尝试一下出门。我知道正美与宠物狗的感情非常好,可是整天把狗关在屋子里也不行啊,得带它散步啊!可以带着她的狗,每天早晨、中午、傍晚在家附近的公园分别散步 30 分钟。慢慢延长时间,达到目标后体重也会得到控制,心情也会变好,自我满足度就会提升。而且每天散步,作息就会变成早睡早起。

第二,把有意义的人际关系与心理咨询坚持下去。正美还不善于跟人聊天,分享情感。因此我劝她不妨找一家附近的精神健康门诊,接受正规的心理疗法。虽然现在一个朋友都没有,但好在有个妹妹与她生活在一起。两姐妹可以一起出去参加读书会。正美看了那么多书和电影,跟读书会的成员在一起一定会有很多话题。

读书会的成员一定会倾听她的讲话,跟她产生共鸣的。他们可以很快就彼此熟悉,可以一起写作。没准儿正美会萌发出新的情感,发现交朋友是一件有趣的事呢。重要的是从一开始就找到与自己有着相同爱好,又懂得尊重的人,与其建立固定联系。

过一段时间,随着人际关系得到改善,正美可以考一个咖啡师资格证,或者在咖啡馆里打打工。请读书会的朋友们喝上一杯美味的咖啡,以后还可以参加咖啡爱好者的聚会,慢慢地她会发现,世界上不仅仅有危险,好人还是更多的。她也可以为那些有抽动症状或其他精神疾病的儿童做一些志愿活动,每星期去一次医院,为患者读书,这会让人感到意义非凡。

从正美的改变中可以看到,人际关系不会自行改善,需要战胜困难的勇气。人与人之间如果产生了同理心,就很容易走近。把自己的心理创伤升华为帮助那些与自己一样经历痛苦的人吧,朝着更宽广的世界迈出更为坚实的步伐!

21. 不被理解的产后抑郁症

在希腊神话中，有一位女神受到众人的崇拜，那就是帮助女性分娩的女神厄勒梯亚。今天相对于分娩，女性对避孕和堕胎的呼声更高。生育不再是女性天经地义的事，女性被说成"先天缺乏母爱"。韩国媒体的倾向与女性的声音有些相左。国家一直在推出提高生育率的政策，似乎认为只要有了良好的政策做后盾，生育率就一定能够得到提升。总之社会与国家都对低出生率问题极为关注，但生育导致的女性抑郁症却变成了女性个人的问题。

恩英是一位35岁的职业女性，有一个3岁的儿子，两个月前她又生了第二个孩子。本来即将回归职场的她，现在却无缘无故地开始抑郁、敏感。一看到孩子就害怕，看到丈夫就发火，发泄各种不满。如果问她："你有信心把两个孩子都养好吗？"她会毫不犹豫地回答："没有。"问她:"回归职场能否迅速适应？"对此她的表情也很暗淡。

她最大的痛苦就是睡不好觉。孩子黑白颠倒，随时可能醒来，无奈的她只好爬起来哄孩子，哄着哄着她就睡意全无了。相反，她丈夫是那种只要一沾枕头就能睡着的人，这一点很让人羡慕，但是每当孩子半夜哭闹，作为妻子看到丈夫睡得那么香甜就没法不心生怨恨。

谁也没有想到，恩英变得越来越敏感，逐渐成为家里的"问题制造者"。不久前家里为孩子举行了"百日宴"，但当天恩英格外抑郁，她在公婆面前一直板着脸，饭也不吃一口。婆婆虽然也是女性，但毕竟是婆婆，她问恩英："我们过来你就那么不舒服吗？你怎么有那么多不满意的地方？大家都生养过孩子，怎么就你那么特别？"与公婆见面，基本成为现代年轻夫妇不和的导火索之一。那一天，恩英与丈夫大吵一架。他们吵架的声音不断提高，把孩子吓哭了，丈夫把自己的不满全部说出来后，就自顾自地回到卧室去睡觉。恩英感到无比疲惫，觉得丈夫可憎，孩子也不再可爱了。她如何才能找到生活的希望呢？

专家建议

生完孩子后的 6 个月是女性最容易产生情绪问题的时间段。生育后产生的情绪问题，典型的有产后忧郁（85%）、产后抑郁（12%—13%）、产后精神病（0.1%）。产后忧郁是生完孩子大概一个星期左右大部分女性都会经历的，由激素变化引起，大部分能自行好转。这段时间女性基本都在月子调理会所。

产后忧郁（Postpartum blue）症状

1. 易哭；
2. 易怒；
3. 担心健康；
4. 入睡困难；
5. 注意力难以集中；
6. 孤立感；
7. 头痛。

产后忧郁的护理

- 保证充足睡眠（孩子睡觉时自己也睡觉）。
- 从家务活及各种责任中抽身，保证得到充分的休息（需要有人料理家务或照顾新生儿）。
- 对产妇的情绪给予支持（丈夫的责任重大）。
- 保持有规律的运动。

恩英所经历的抑郁感、失眠、敏感，这些感觉都可以看成是产后抑郁。最初表现与产后忧郁大致相同，但症状会逐渐加重，持续两周以上。一般在生完孩子后一周左右出现症状，比产后忧郁出现时间要晚一些。当然，生完孩子几天内或几个月后出现也是可能的。

产后抑郁（Postpartum depression）症状

1. 失眠；
2. 心情抑郁，感觉没有价值，罪恶意识，疲惫不堪；
3. 没有精力，没有欲望；
4. 感觉无法好好照顾孩子，或根本照顾不了孩子；
5. 无法说话，无法写字；
6. 焦虑或恐慌发作的频率增加；
7. 经常对别人感到愤怒。

（这些症状持续两周以上。）

恩英生了第一个孩子后虽然也有过相似的情况，但没有最近这么严重。据说恩英的母亲当年在生完恩英姐姐与恩英后也曾深陷产后抑郁的痛苦折磨。恩英平时有个特点，那就是每次生理期前一个星期左右，就会烦躁易怒，人变得敏感，头疼严重，到了生理期这些症状则会停止。这也叫经前焦虑综合征（Premenstrual dysphoric syndrome, PMS）。

哪些人易得产后抑郁？

- 此前患有抑郁症、双向情感障碍、惊恐障碍、进食障碍及强迫症的人。
- 身边无人可以帮忙。
- 压力过大,或同时经历多种压力(与亲戚之间有矛盾,最近频繁搬家,更换工作,亲人去世,经济上遭遇苦难,或者本来不想怀孕)。
- 经前焦虑综合征,月经不调,怀孕不易。
- 母亲曾患过产后抑郁。

恩英的身体似乎对雌性激素的变化非常敏感。生完孩子后,身体内的雌性激素就会发生改变,每次生理期之前雌性激素也会发生改变,这时抑郁症状就出现了。一些打针促进卵巢排卵,或得了乳腺癌不得不服用抑制雌激素药物的人,都会出现类似症状。

产后抑郁的预防

- 保证睡眠充足(禁止饮用咖啡、酒精以及含有咖啡因的饮料)。
- 保证休息。
- 保证摄入充足的营养及水分。
- 经常将自己的情绪与抑郁的感觉告诉丈夫。
- 保持规律性运动。
- 早晨晒 30 分钟太阳。

在帮助恩英好转的过程中，丈夫的作用特别重要。妻子生完孩子6个月内，丈夫一定要好好对待妻子，这样家庭才会幸福长久。不是恩英一个人努力就可以的，夫妻二人都要接受教育。恩英的丈夫现在似乎什么忙也不帮，两人应该一起去精神健康科。丈夫原本希望生完孩子后可以缓解紧张，让生活回到从前的轨道上，然而，现在才是一切的真正开始。以下为产后抑郁护理方面的内容，丈夫应该熟悉并提供帮助。

产后抑郁的护理（夫妻教育）

- 对丈夫及妻子实施的产后抑郁相关教育：丈夫应确保对妻子的支持。
- 症状如有加重应立即去医院就医。
- 请人白天帮忙照顾小孩。
- 保证妻子的睡眠充足。如孩子经常夜里醒来，导致妻子睡眠不足，则应考虑让孩子与母亲分开睡。
- 丈夫应尽早回家，帮助妻子。
- 丈夫应向双方父母提供有关产后抑郁的各种信息，避免产生不必要的误会。

丈夫如果能够尽早回家，晚上带孩子睡觉，会起到很大的作用。这里我提一个小建议，丈夫不妨每天准时准点给妻子打电话，告诉妻子自己几点回家，回家前最好问问家里需要购置哪些生活用品，买好回家，因为妻子带着孩子出门采购是非常不方便的。

丈夫的作用不仅对妻子很重要，对刚出生的孩子也是非常重要的。婴儿在出生时大脑并未发育完全，出生后 6 个月内是负责孩子语言、感觉、高级认知功能的神经网快速发育的宝贵时间。有抑郁症的母亲很难对孩子的要求做出反应，孩子也会感受到母亲的不安，这样就难以形成母子间的依恋关系。母亲与孩子的关系是孩子长大后与他人建立正常人际关系的基础。

要与孩子建立依恋关系，最好的办法就是看着孩子的眼睛微笑，孩子也会扑哧笑出来，这就是社会性微笑（social smile）。这有助于孩子的发育，孩子可以通过母亲感受到这个世界的温暖与安全。

与其等孩子以后上了小学、中学后花钱上各种辅导班，还不如在孩子一岁之前丈夫早早下班，在家吃饭，把晚上的时间和周末都投入到妻子、孩子身上。从长远的角度来看，这项投资的收益是任何其他投资都无法与之比拟的。这样妻子可以早日摆脱抑郁症的困扰，孩子的大脑也能发育良好，母子形成稳定的依恋关系，也有助于孩子日后与父亲建立良好的关系。

妻子由于心情抑郁，可能会产生很多误会，这一点丈夫必须包容。丈夫可以提前告知双方父母妻子的产后抑郁状况，最好能得到他们的理解与帮助。

22. 没人关注点赞就焦虑

民亨今年 28 岁,有一个魅力四射的女友。女友走到哪里都是众人的焦点。不仅他这么想,别人看到他的女友也会异口同声地问:"你是怎么认识这么漂亮的女友的呢?"女友不仅外貌出众,工作也非常出色,是一家购物中心的 CEO。但在靓丽的外表下,她的身体却伤痕累累,到处都是小刀在身上划过的痕迹,每一道伤口都诉说着她生活中的焦虑与依赖心理。

女友情绪起伏很大,经常发短信或微信,如果民亨不立即回复,女友马上就翻脸。为此,民亨对女友的热情也逐渐冷淡下来。女友虽然没有变心,但民亨真的坚持不下去了。一周之前,民亨提出了分手,可是刚过一个小时就接到女友的电话。女友在手腕上自残,求他带自己去医院。民亨马上赶过去带她去了医院,一直守在她身边，女友这才露出了满意的表情。

女友网上的个人空间里都是各种华丽的衣服和名牌饰品，还有在国外旅行时拍的照片，以前民亨对此也没多想，但是慢慢地，他感觉到这是一种彰显存在感的上瘾状态，她的内心是空虚的。民亨想要帮助她，毕竟对她还有感情。但是一想到未来，他又丧失了信心。他发现女友不仅财务状况堪忧，实际生活质量也很不堪，她的这种焦虑非常轻易地就会传染给民亨。

专家建议

我们生活中经常会看到一些人总想突显自己，渴望得到更多人的关注。自己卖的商品如果有很多人买就会很满足，上传到个人网页的照片要被很多人点赞才能满意。想要得到别人的关注，这种想法人人都有，很多情况下显摆一下自己也确实有用。但是如果对此过于着迷，一旦没人关注就陷入绝望与恐惧，那就是病态了。童年时期与父母的关系具有非常典型的特征。很多人都成长于一个家教严格的家庭，父母基本上对孩子的方方面面都要干涉。我们都需要找到一个方法，从父母的干涉下摆脱出来，希望父母能够倾听我们的声音。于是很多人通过一些特定行为来吸引别人的关注，或者回避某种责任与义务，这就叫作再度获益（secondary gain）。现代人在成长过程中的责任与义务基本就是"学习"。

一般来说，如果一个人不断让自己身体受伤的自残行为持续下去，接下来很可能会做出极端选择。他的人际关系也会在极冷与极热之间转换，处于两极化状态，最终多半会遭到孤立，就像被幽禁在古堡中的王子或公主一样。帮助自残的人走出阴影的方法就是经常给予他一定的关心。如果他每次只有通过自残才能得到家人或爱人的关心，那么他会继续走自残的道路。以稳定的态度对待他会有所帮助，比如民亨可以表扬一下女友管理的购物中心的商品。女友也应该练习不靠自残的方法来承受日常生活中的一般性挫折。

最终的努力目标是不管有没有人关注，自己都可以守护好自尊心。比方说，女友正在经营购物中心，与其关注营业额与客人人数，不如通过购物中心来寻找只有自己才能获得的满足感与幸福感。当产生了自残的想法时，运动和冥想也是非常有益的。

民亨女友这种性格是典型的"边缘性人格障碍"，通过改变他人让他人关注自己。每次她通过自残行为改变他人，获得了关注，边缘性人格障碍就进一步得到强化。这时重振她的自尊心就尤为重要，同时要劝导她接受精神治疗。

边缘性人格障碍（Borderline personality disorder）

在人际交往过程中焦虑不安，扭曲自身形象，情绪表现出极端变化以及较大的冲动性，同时还伴随以下症状：

1. 在生活中或想象中有被抛弃的经历，努力让自己不再被抛弃；
2. 人际关系上的不安定性／情感在极端理想化与极端嫌弃两个极端之间游走；
3. 对自身形象焦虑不安，经常感到身份认同混乱；
4. 经常冲动；
5. 有自杀行为、自杀倾向、自杀威胁等；
6. 情绪不安，对外部环境的反应表现出极端性的变化；
7. 长期空虚感；
8. 无法控制发火、愤怒，轻易表露情绪；
9. 短期或长期出现与精神压力有关的关系妄想或关系分离。

23. 晚上必须得大吃特吃才舒服

宝锦是一位40岁的家庭主妇，中等身高，但体重较正常人要重很多。她生活的乐趣就是晚上一边看电视剧，一边喝啤酒吃炸鸡，或者比萨之类的。她是个夜猫子，越到晚上越精神，通常到凌晨3—4点才能睡觉。睡不上几个小时又得起床准备丈夫上班的东西，送孩子们上学，然后回家再睡到中午，这样的生活习惯已经保持了几年。

但最近问题出现了——6个月内她的体重增加了12千克，丈夫的不满和批评接踵而至。虽然批评一个人的外貌是个禁忌，但在家庭内部，社会规则通常是不管用的。宝锦吃饭时，丈夫就像看到了稀有动物似的瞪着眼睛说："这么能吃，你要干吗？"看到宝锦的肚子便取笑她："是不是快要生了？"宝锦为此压力极大，特意去健身房办了一个月的会员卡，但是只去了一次。她发现就算自己想出去运动，也没有合适的衣服穿，于是就更不想出去了。宝锦这样只是意志力薄弱的表现吗？

事态比想象的更为严重，宝锦不久前对身体健康状况进行了综合检查，医生认为她有高血压，还有早期糖尿病风险。年龄刚到 40 岁，慢性病却已经找上门来，这对宝锦造成了不小的打击。医生建议她控制体重，使用运动疗法，还为她做了详细说明，可一到晚上，宝锦的双手就不由自主地打开冰箱。她想这样不行，于是把冰箱清空，但还是跑到便利店买了一大堆零食回来吃光。她实在没办法控制晚上旺盛的食欲，自己也痛恨自己。

专家建议

因为丈夫嫌弃，宝锦精神压力很大，可能会更加肥胖。丈夫不应该取笑宝锦的体重，而应该更加关心她的健康，应该与她一起找到一个有效的调节饮食的方法。

我们的身体有一套能够灵活调节食欲的方法。一旦胃部已经装满，还继续摄入食品，有可能会损伤肠胃。血糖大幅上升，会对血管及心脏造成负担和压力。充分摄入食品后脂肪细胞中就会分泌出一种叫作瘦素的抑制食欲激素，大脑的神经中枢受到刺激，通常不会再进食。但是宝锦每天晚上一边看电视剧，一边吃炸鸡、比萨，仿佛这就是她一天中最幸福的时光。这时我们的身体不能做出已经摄取充足的反应，无意识中就继续吃下去了。

瘦素（Leptin）

一种由脂肪细胞分泌产生的激素，作用于大脑中心的下丘脑，可以抑制食欲，增加能量消耗，起到调整身体内部脂肪含量的作用。如果人体内脂肪含量增大，就会分泌瘦素以降低食欲，减少体内脂肪合成，同时消耗能量，排放热量。[22]

一个人如果养成了过度饮食的习惯，身体就会产生抵抗性，从此对瘦素信号不能做出反应。抵抗性就是当瘦素超过正常数值以上，会引发大脑的抵抗反应。有肥胖遗传基因的人，即使吃了同样数量的食物，饱腹的反应也较之正常人要低。碳酸饮料或零食这种甜食可以提升人体对瘦素的抵抗性，应尽量少吃。压力过大或睡眠不足也会导致瘦素抵抗性的产生，因此也应该格外注意。吃饭时应放慢进食速度，尽量多吃黄瓜、胡萝卜等蔬菜，能够带来饱腹感，同时还能促进瘦素分泌，从而有助于减少脂肪堆积。[23]

如果晚上一直进食，早晨又晚起，身体不可能不出现问题。不仅仅是体重的增加，还会患上糖尿病、高血压等慢性病，导致失眠，黑白颠倒，那么抑郁症就会接踵而至，因为瘦素能刺激中枢神经，与抑郁症有一定关联。

对于宝锦来说，改变作息规律有助于增进身体健康，也是减轻体重的好方法。丈夫上班、孩子上学后马上睡觉，这是最大的问题。这导致她夜间精神饱满，一天的作息都被打乱了。我想劝宝锦上午8—9点的时候出来散散步，晒晒太阳，白天里褪黑素受到抑制，从而让大脑保持清醒与警觉。

散完步回来，在孩子们回家之前可以看一些自己喜爱的电视剧，或者看看书。最近有很多频道可以不受时间限制，随时收看自己喜爱的电视剧。但有一点，看电视的时候切不可再吃炸鸡和比萨，也不要喝啤酒。就算不喜欢，也要尽量吃黄瓜等蔬菜。我知道做到这些不容易，但很多人这么做确实有效果。与咖啡、甜饮相比，大麦茶、玉竹茶更好（我知道要做到这一点更难，但只要习惯了就成自然了）。这时即使困了也要坚持不睡，只有这样才能找回正常的睡眠节奏。

下午孩子上辅导班的时候，你可以去健身房，或者尝试一下普拉提。对了，如果一个人很难坚持，找朋友一起去怎么样？运动习惯坚持下去的话，心情也会变好，酒也会喝得更少。饮酒后睡觉，中间醒了，再想入睡就很困难。这是由于酒精在肝脏中代谢，通过尿液排出体外后，身体会出现戒除酒精的症状，随之就会保持清醒。

服用芬特明或利尿剂对精神健康没有帮助。芬特明是一种被广泛使用的减肥药，虽然它有抑制食欲的效果，但会对心血管产生副作用，还会恶化抑郁症、失眠等精神疾病，提高人的冲动性，要格外注意。如果已经有抑郁症，或者经常产生自杀的想法，尽量不要服用芬特明。还有很多人为了消除浮肿，自己服用利尿剂，这可能引发肾脏问题，最终导致慢性肾衰竭，不得不接受透析治疗，因此也要格外注意。

总而言之，要想改变晚上吃东西的习惯，就要改变每天的作息时间。减少夜间活动，增加上午活动。上午活动增加了，夜间瘦素分泌就会增加，减少食欲，那么体重自然而然就降下来了。

24. 驾驶恐惧症

我们周围,害怕开车、恐惧驾驶的人其实不少,他们一般都是乘坐公共交通工具。结婚后即使买了车也基本会把方向盘交给配偶。但还是有很多人必须开车,比如从富川到坡州这段距离,如果自驾的话只需要 30 分钟,乘坐公共交通工具则需要 90 分钟。

朱英是一位 40 岁的职场妈妈,她就有驾驶恐惧症。刚刚换的工作比较远,乘坐公交车和地铁的话要换乘多次,万般无奈之下她只好自己开车。对她来说驾驶毫无乐趣可言,她总是担心发生交通事故,为此惴惴不安。其实她开车只发生过轻微的剐蹭,根本没有大的事故。

她最害怕的是在高速路上,特别是通过隧道的时候觉得非常恐怖。她上班的路上要途经一个隧道,每次经过这里她都喘不上来气，无法提速。不久前她在新闻上看到，在某个隧道里发生了大型交通事故，看完后感觉更加难受。每次她都希望尽快通过隧道，但有时道路拥堵，前面的车开得很慢，或者干脆原地不动，她就会浑身大汗淋漓。

有时经过桥梁，下面是流动的江水，她也觉得无比恐怖，即使正在开车，也恨不得闭上眼睛。她希望路面足够宽，看不见下面更好。行驶在奥林匹克大路上或开过一些小桥时，她总觉得汽车会冲出栏杆，吓得浑身僵硬。如果后面的车想要超车，跟她的车并排鸣笛示意，她也会吓得完全无法呼吸。

专家建议

很多人都对驾驶有恐惧心理。据说对驾驶过于敏感的人，本来就是小心谨慎的人，基本不会发生大的事故。但是与一般人不同，他们开车会消耗过多的体力。到了公司开始上班或回家应该干点家务时，由于路上开车已经耗尽了体力，此时往往力不从心。

一般说来，开车这件事是越开越熟练，焦虑也会随之减轻。但有些人不管开了多久，在穿越隧道或在高架桥上开车时，恐惧感都不降反升。朱英知道自己是过度恐惧，但身体会在不知不觉之间做出恐惧反应，她总是担心会不会发生车祸。

每次朱英开车，朱英的丈夫坐在副驾驶位置时也吓得浑身冷汗。妻子会突然痛苦难受，呼吸困难，这种恐惧也传递给了坐在旁边的他。他坐朱英开的车没有一次是舒舒服服的。

朱英这种状况属于特殊恐惧症的一种。

> **特殊恐惧症（Specific phobia）**
>
> 对某种特定状况或特定对象产生严重的焦虑和恐惧，尽量避免特定状况或对象的出现。特殊恐惧症很常见，女性尤为明显。一般分为四类：
> 1. 动物型（Animal type）：恐惧爬虫类、老鼠、昆虫、狗等；
> 2. 自然环境型（Natural environment type）：对暴风、高处、水等自然环境产生恐惧；
> 3. 血液、打针、受伤型（Blood/ injection/ injury type）：看到血液或打针时产生恐惧；
> 4. 状况型（Situation type）：对大众交通工具、隧道、桥梁、电梯等，尤其是密闭空间产生恐惧。

在隧道或高架桥上开车产生恐惧心理属于上述的"状况型"。除了隧道，还有飞机、电梯、地铁、公交车、商场、磁共振成像或 CT 装置等密闭空间都可能引发这种恐惧症。有人在医院拍磁共振成像，中途不得不叫停，才发现自己有这个心理问题，有些人严重到要提前服用或注射镇静药物才能够拍片。

人脑中控制恐惧的部位是杏仁核，在并不危险的环境下如果过度活跃，交感神经系统就会变得兴奋，从而引发恐惧症状。也就是说，恐惧并非是因为亲身经历了危险环境，而是对恐惧过分敏感导致的。

像朱英这样,在隧道或高架桥上开车出现恐惧症状的人很多,人们需要认识到这是特殊恐惧症的一种,并且努力克服它。身体状况不好或格外敏感的时候,可以乘坐大众交通工具,当身体状况不错时再自己开车。尽量不要饮用咖啡或含有咖啡因的饮料,因为咖啡因能够刺激交感神经系统,让其保持活跃。如果突然感觉呼吸不畅,不要急于大口喘气,可以慢慢尝试腹式呼吸法。最好调节车内温度,不要过高。如果呼吸非常困难,不妨打开车窗,让外面的空气进入车内会感觉好些。

开车时尽量不要在对车速要求高的中间车道行驶,可以选择外侧车道。开车途中把手机设置为静音,不要接电话,也不要查看信息。开车上班的时候,提前出发很重要,尽量避免因为迟到而心情紧张焦虑。

25. 总是怕麻烦人

恩善是一位善良、有魅力的 42 岁职场妈妈，在一家公司的市场营销部门担任科长一职。她毫无领导架子，对人关怀备至，从不把工作推给年轻人。部长也很喜欢恩善，因为部长交代的事情恩善都做得很好，从不拒绝，即使不属于恩善的业务范畴之内，只要让她做她也从不拒绝。

与外表不同的是，恩善的内心其实非常敏感、复杂。她不拒绝是因为她的性格使得她做不到拒绝别人，她总是生怕别人会讨厌自己。在她的部门，年轻人都准时下班，反而是科长恩善把所有工作都揽到自己身上，天天下班都很晚。回家后还要照顾丈夫和孩子，她经常感觉自己疲惫至极。

看见别人在议论自己，或者感觉别人说自己坏话，很少有人能心如磐石，不为所动。其实一般人的内心别说是磐石，根本就是玻璃，扔一块小石子也能将其击得粉碎。最近在恩善身上就发生了一件事，让她不得不把破碎的内心一点点收拾起来。几天前她偶然听到了同事们的议论，大致内容是认为她在部长面前好好表现，是为了"升官发财"。另一个人也附和说："我看她干活就不顺眼，装得多么善良似的，所以后辈们才把自己的事也交给她办。"

恩善听了这些话，眼泪不争气地流了下来。工作太多，自己都快承受不了了，可同事和后辈们却在诋毁她，而且最近有些工作也没能满足部长的要求。她向部长解释是因为自己的工作任务太多，所以没能在规定时间内完成。部长反而埋怨恩善说："你应该和组员们一起完成，干吗那么傻都一个人干？"最近恩善非常迷茫，不知道是否该在这家公司继续工作下去。

专家建议

像恩善这样做事情不给别人制造麻烦、尽量照顾别人感受的性格是非常值得称赞的。但恩善为什么这么辛苦受罪呢？我认为有必要仔细讨论一下，恩善的做法是否真的是为别人考虑周全。我觉得恩善的性格，更准确地说是"无法承受别人讨厌自己"。她担心如果拒绝部长指派的工作，对方会讨厌自己，因此全部承担下来。担心组员讨厌增加工作量，因此连提都不敢提让组员做事。

有时我们也需要承受别人讨厌自己、批评自己的压力。假设有一种人，必须让周围所有人都喜欢自己才能舒心，那他必然要努力让不同性格、不同个性、形形色色的人都满意。但其中必然有那么一两位，不管他怎么努力都无法使对方满意。于是他就会为了这一两个人而备受折磨。我的意思是，让所有人都对自己满意，这不现实，也不可能。任何人都可能会成为别人讨厌的对象。恩善努力工作并非为了个人利益，而是为了公司利益，我相信最终会有人理解她的善意，终有一天人们会重新认识她的。

其实恩善童年有过心理创伤。她的兄弟姐妹都上过幼儿园，但由于当时父亲换了工作，只有恩善没有上幼儿园，直接上了小学。恩善做好了准备，满心期待上幼儿园，结果希望落空了，童年的这段记忆一直留在她的脑海中。当时小小的恩善并未对父母发火，但是她为了让自己将来再也不遭到拒绝，比其他兄弟姐妹更努力地在父母面前表现自己，想得到父母更多的关注。

指挥组员做事，分配工作，这是领导的任务之一。如果你自己把所有事都做了，反而会成为年轻人发挥个人能力的绊脚石。该下属职员做的事不要揽到自己身上，最好明确谁做什么以及应该达到什么标准。自己无法做到的事明确说清楚，能做到的事就把它做好，这样也方便上司开展工作。

恩善现在也应该理解，被几个人拒绝，或受到指责，也没有什么大不了的。应该明白与别人共同合作才是工作的最好方法。要是再学会温柔地拒绝别人的无理要求，那就更好了。

26.无缘无故头晕

几乎所有症状、所有疾病都可以归结为"精神压力过大",近年来耳石症、前庭神经炎、美尼尔综合征、耳鸣等与耳朵有关的疾病患者增加了很多。32岁的美熙尚未结婚,是一个管弦乐团的小提琴手,最近每当她演奏小提琴时,如果突然转头就会发生眩晕,难以忍受。她觉得这和许多耳疾患者描述的症状差不多,于是去耳鼻喉科做了检查。

检查结果还不错——一切正常。可美熙认为如果真的是得了某种疾病,自己也就放心去治疗了,但结果是听力没问题,耳膜也没有异常,她反倒不知所措。耳鼻喉科医生的意见是"压力过大所致"。

对此美熙很难认同,她从小学开始学习小提琴并登台演出,一直比较顺利。目前在乐团里的位置也很稳定，经济上也没什么困难，更没有什么亲人、朋友、同事让她为难。她去了另一家大医院，但检查结果也是一样。父母担心女儿的健康，劝她休息几个月，问题是她在家里时，一紧张也会犯头晕的毛病。她觉得这不是休息就能解决的。

美熙喜欢演出，热爱这个职业，也没感觉到压力，再加上美熙与乐团指挥关系很好，自身能力也得到认可，她怎么可能压力过大呢？美熙无论如何也想不明白，反而怀疑自己是不是得了什么严重的大病，变得更加不安起来。

💬 专家建议

人们如果出现了头晕现象，必须先去耳鼻喉科检查是否得了耳石症、前庭神经炎等疾病。不过像美熙这样，耳朵、前庭器官、大脑都毫无异常，但还是感到头晕的人其实很多。虽然美熙表示自己没什么压力，但交感神经系统亢奋，就会表现出不安焦虑的症状。与其他成员一起演出时，她是不是经常担心自己会出现失误？事实上，演出过程中，其他成员也可能意外出现失误，到演出结束之前她都不可能安心。

演出场所一般屋顶较高，演奏者面对的是观众注视的目光。这时在广场恐惧症的作用下，人们就容易倍加紧张。所谓广场恐惧症，就是在广场、公共场合，特别是一些不能马上出去的场合，在得不到任何人帮助的情况下不得不一个人待在那里，因而产生的恐惧心理。仔细观察，我发现美熙还有手抖的手颤症，这也是随着头晕而出现的症状，演出肯定要受影响。

美熙说，她在网上搜索了，怀疑自己是不是得了帕金森症。但像美熙这样 30 多岁的人几乎没有得帕金森症的，一般都是 50 岁以后才会得这个病。得了帕金森症确实会手抖，一开始主要是一只手抖得厉害，人坐着的时候大拇指和食指就抖个不停，像是在数钱一样，行动缓慢，身体僵硬，表情消失。美熙不是这样，应该是广场恐惧症导致的突然紧张，引发头晕手抖。

美熙比较喜欢喝咖啡，喝的咖啡比水都多，甚至一天能喝上 10 杯，爱吃巧克力，偶尔还会服用含有咖啡因的头疼药。最近得了感冒，还在吃感冒药。因此我认为美熙的问题是过量摄入咖啡因。首先每天减少一杯咖啡，巧克力和含有咖啡因的头疼药就不要再吃了，最初几天可能会出现更为焦虑、更为不安的现象，过一周左右就会好转的。

感冒药中含有伪麻黄碱成分，可以缓解鼻塞症状，该成分作用于交感神经系统，可以提升紧张度，恶化头晕症状。其中的抗组胺剂成分也会引发困倦和眩晕，不应再服用。最好服用不含伪麻黄碱成分、不会困倦的第三代抗组胺剂。

这样能在很大程度上减轻头晕症状，但还是建议去精神科进行心理咨询。

27. 被学渣儿子气到失忆

淑京最近的生活简直可以拍一部电影。如果是那些现实中不可能实现的美事就好了,但淑京所经历的却一言难尽——初二的儿子沉迷于网络游戏,为此她被送进医院急诊室。

淑京的儿子是个不折不扣的学渣。淑京只希望他能做完作业就行,但是儿子一写作业,10分钟都坚持不下来,不断在客厅与厨房之间进进出出。相反要是打游戏,就能坐在那里半天一动不动。

有一天淑京发现儿子竟然花了一百多万韩元购买游戏装备,怒不可遏,对儿子高声怒吼。丈夫赶紧拦着盛怒的妻子,拼命调停,可毫无用处。儿子扬言要退学,准备当一名职业电竞选手,还说:"学习不是我要走的路。"面对一点都不肯示弱的儿子,淑京突然感觉天旋地转,晕倒在地。

这是淑京人生中第一次被送进急诊室。她恢复了意识后与医生进行了交谈，还拍了磁共振成像，做了脑部检查，结果没有任何问题。回家后她一如既往地做饭、打扫房间，这时丈夫问淑京儿子花的钱该怎么处理，可她居然什么都记不起来了！勉强回忆起儿子花钱购买游戏装备的事，但此后一直到她在急诊室醒过来之前所发生的事，淑京居然全部忘记了。

淑京非常担心，以前她以为失忆症这种事只发生在电影里的男女主人公身上，现在居然发生在自己身上，是不是大脑出了什么大问题？她掩饰不住紧张，怀疑这些是不是自己要得阿尔茨海默病的前兆。儿子让她变成了这样，这更让淑京无比伤心难过，觉得自己生了个没出息的孩子。

专家建议

发生没几天的事情居然完全不记得，这放在谁的身上都会惊慌失措的。像淑京这样，突然之间极度激动，之后完全记不得那段时间发生的事，这种情况很常见。淑京所经历的是失忆症中最常见的类型——"解离性失忆症"。"解离"指精神过程、行为过程与此人其余的精神活动发生分离，是一种无意识状态下的"防御机制"（防御机制将在下文中详细说明）。解离可以看成是神经性防御机制（neurotic defenses）的一种。

我们在电影中经常可以看到某位主人公完全忘记了过去，连自己是谁都不记得了。但现实中记不起自己的名字和家人，这种失忆症很少见。如果因为脑损伤造成病人连自己和家人都记不住，极可能伴随有记忆力、认知功能大幅度下降，四肢瘫痪等症状，这与淑京的解离性失忆症并不一样。我认为淑京的病属于解离性失忆症中的局部失忆症。失去的记忆也可能什么时候就被想起来了。

> **解离性失忆症（Dissociative amnesia）**
>
> 指在强烈的精神压力下部分记忆失去的症状。
> 1. 局部失忆症（Localized amnesia）：在一定时间内发生的事情无法回忆起来；
> 2. 选择性失忆症（Selective amnesia）：在一定时间内发生的几件事情无法回忆，但不是对当时整个事件都回忆不起来；
> 3. 广义失忆症（Generalized amnesia）：自己的一生完全无法回忆；
> 4. 连续性失忆症（Continuous amnesia）：无法按照事件发生的顺序，连续地回忆起来；
> 5. 系统性失忆症（Systematized amnesia）：与自己的亲属或特定人物相关的所有记忆及信息无法回忆起来。

解离性失忆症与记忆力下降或阿尔茨海默病是完全不同的，一般发生于突然遭受重大冲击之时。此后如果再次遭受冲击，失忆症还有可能发生。淑京如果不想再经历解离性失忆症，最重要的是改善自己与儿子的关系。儿子学习时 10 分钟都坐不住，打游戏时却全神贯注，这是因为游戏比学习的刺激性更强，即使懒散的孩子也能轻易集中注意力。

淑京最好和丈夫好好讨论一下，孩子为什么沉迷于游戏？有没有什么其他更有趣的事情能转移孩子的注意力？做一名职业电竞选手与喜欢打游戏是完全不同的，就像业余踢足球的人和国际职业联赛运动员之间的区别一样。不管你怎么喜欢踢足球，要想进入国家队，没有特殊的天赋是很难做到的。我觉得不妨检查一下孩子是否具有成为职业选手必备的、明显高于常人的反射神经与感知系统。如果专家说孩子并没有这些特质，那就比较容易说服孩子了。找一个能让孩子集中注意力一整天的事，这件事如果对孩子的未来发展有所帮助，那是最好的。可以与学习毫无关系，也可以是淑京此前完全不了解的领域。找一位专业医生对孩子的状态做个评估，听取一下专家对孩子性格优势和劣势的分析。毕竟孩子的经历还比较少。如果孩子有多动症，及时治疗也会有作用。

万一以后又遇到情绪激动的场合，最好及时回避。持续激动会引发失忆症状。先暂时离开，去外面平复一下心情，这有助于预防解离性失忆症及晕厥的发生。

28. 被查出乳腺癌以后

诚敬在洗澡时发现自己胸部有个肿块，心里不禁咯噔一下。诚敬今年 45 岁，有两个孩子，一边工作一边照顾孩子和丈夫，日子过得非常忙碌。诚敬去了家附近小医院的妇科检查，当时也没觉得会有多大问题，但大夫劝诚敬去大一点的医院，做进一步检查。听到这话她一下子害怕了，她不想做无谓的担心，但事情的发展就是朝着她担心的方向去了——她被检查出乳腺癌一期。

焦虑、睡眠障碍、抑郁、注意力下降等症状一下子向她袭来。她一天天都在无比焦虑中度过，睡不着觉，就这样开始了抗癌治疗。接下来诚敬服用了抑制雌激素的药物，结果变得非常敏感，从肚脐到头部都火烧火燎的，浑身发热。万幸的是癌细胞发现得早，被切除干净了，但是一听说 5 年内都要持续服用抗癌药物，她就觉得无比焦虑，在公司也无法专心工作了。

💬 专家建议

敏感的人得了癌症，诊断、手术、抗癌过程都会比一般患者更为辛苦。他们会上网搜索跟自己的癌症有关的资料，会发现很多病情严重的病例，担忧也会加剧。特别是乳腺癌与其他癌症不同，疾病发生于作为女性特征的乳腺部位，外貌的改变更容易诱发敏感。位置在胸部，焦虑不安也会导致心跳加速、呼吸不畅等症状，这会给女性造成一种错觉：乳腺是不是又出现了其他问题？

近年来医疗技术进步很快，靶向疗法可以有选择性地作用于癌细胞，使治疗效果得到显著提升。现在很多人都是带癌生存，"得了癌症就得死"的时代已经一去不复返了，很多曾经患癌的人都在努力生活，防止癌症复发。为了保持健康，确实需要花些心思，但网络上很多信息并非真实信息，看太多反而会变得更加敏感。常言道"艄公多了船上山"，各种意见多了反而对健康不利。

也不要把癌症患者的敏感、抑郁、焦虑、失眠想当然化，最好在症状早期就向身边的人寻求帮助。最近每家医院都设立了癌症患者精神健康诊所，去那里看看不会花很多钱，还能得到不小的收获。

29. 不明原因的牙疼

42岁的永镇是一名会计师,他性格谨慎冷静,工作上从没有出过差错。就像这个领域的大多数人一样,他的生活一直很安静,没什么大的挫折,交友范围也不算太广。他的工作就是每天看财务报表,可能一两个月也回不了家,而且经常熬夜。他忍受着高强度的工作,想着把这段艰苦的时间熬过去就一切都好了,可就在此时,突然有一天他感觉靠前的上牙和下牙无比疼痛。他以为睡一觉就会好,可早晨醒来疼痛加重了,根本无法吃东西,嘴里只要一沾东西就立刻疼痛无比,无法忍受。

他马上预约了牙科诊所,周末做了多项检查。医生的诊断结果是"没有任何异常症状"。但是他工作时一直疼痛难忍,工作效率也极为低下。他把牙刷和牙膏都换成了更为高级的品牌,可状况依然没有改善。他有时觉得是前面的牙疼，有时是上面的牙疼，总之牙疼变换着位置持续折磨他。

永镇开始服用止疼药和消炎药，虽然有点效果，但 90% 的疼痛还在继续。他的牙疼不是某一颗牙，而是整体疼，越是需要集中精力工作的时候疼痛就越强烈，他不得不做出决定，暂时放下工作休息一段时间。

💬 专家建议

很多人都有口腔内部疼痛的问题，这一点很令人意外。他们普遍反映口腔内部火烧火燎的，或者牙疼得厉害。检查结果显示牙齿与口腔明明都没什么问题，可就是持续疼痛，让很多人怀疑自己是不是得了癌症之类的不治之症。没有明确的病因，口腔内部持续而反复地出现炽热感，这种症状被称为"灼口综合征"。据很多受到这种病折磨的人描述，感觉嘴里就像着了火似的，有时感觉牙齿和整个嘴都一起被火烤着。有人虽然没那么严重，但

灼口综合征（Burning mouth syndrome）

不明原因的口腔内部疼痛或牙齿疼痛，伴随有烧灼性疼痛、味觉变化、感觉异常等症状出现。首先应检查牙齿、口腔是否出现病变，精神压力过大、激素变化、抑郁症及失眠是主要发病原因。

是口腔内部、牙齿都有长期性的疼痛，检查结果却都说没有问题。

发病的人大部分是敏感、谨慎的性格。从他们所从事的职业来看，大部分为要求思维缜密的工作，比如银行职员、会计师、律师、医生、教师等。家庭主妇中也有很多人患有此病，因为她们经常要考虑丈夫工作是否顺利，孩子学习是否努力，父母身体是否健康等，为细微琐碎的事操心。

这些人的典型特征是有咬牙的习惯。如果去牙科看病，医生可能会说牙齿没什么问题，但是磨损严重。他们的工作本来就需要维持高度紧张的状态，每件事都要小心谨慎，其实经常是整个身体都在使劲。此时，牙齿和口腔也用力过度，使得牙齿与下颌、牙床承受了巨大的力量。其实本人对此并不知情，也不是有意为之。这些人不仅会出现口腔疼痛的症状，还会出现肌肉疼痛、肩周疼痛等。

我们嘴里的牙齿，其实经常受到刺激，但有舌头、口水的存在，让我们的大脑忽略了这个刺激。如果牙齿传来的感受也被大脑认为是疼痛的话，其他小的刺激也会被大脑认为是疼痛。要想减少疼痛，就要让我们的大脑对疼痛变得迟钝，甚至干脆遗忘掉。

如果这种无缘由的牙齿疼痛一直存在，我们首先要确保身体肌肉有充分的时间得到放松，最好做一些放松身体的运动或泡个澡。改掉咬牙的习惯，让下颌关节得到放松。很多人对数字非常敏感，不要总是想着数字，多看看情感丰富的电影或者书籍，也会有帮助的。

如果这样疼痛还是持续，那就要接受专门的治疗了。与其服用止疼药，不如接受一些能够抚慰心灵、疏解紧张情绪的治疗，还可以采取一些调节大脑敏感性的药物治疗。

30. 对楼层间噪声格外敏感

"楼上的噪声让我想死!"

"我真没想到这样的话有一天会从我的嘴里说出来。"

40岁的艺瑟不仅说"自己想死",还说也有"杀人"的想法。艺瑟知道自己本来就对声音格外敏感,从一个月前开始,楼上的声音让她忍无可忍。屋顶突然传来孩子跑动的脚步声,而且是凌晨1—2点左右。艺瑟直接跑到楼上抗议,但更让人揪心的事情发生了,原来楼上一家去国外旅行了,从一个月前开始一直空着。

她觉得是这栋楼房的构造有问题,与丈夫商量后决定搬家。这次她小心翼翼地选择了顶楼,但是不知从哪天起,楼上又传来"咚咚咚"的声音。她摇醒了熟睡中的丈夫,问道:"你听到现在的声音没?"可丈夫却反问她:"什么声音?我想来想去都觉得是不是你耳朵出了什么问题？"艺瑟去看了耳鼻喉科，做了各种详细的检查，但结论是"未发现异常"。

此后艺瑟每天的日子都犹如噩梦一般。自己待在家里觉得太难受，于是跑到外面的咖啡馆。可咖啡馆里别人聊天的声音在她听来就像钉钉子的噪声，有时候她甚至觉得某些人说话像敲大鼓一样响亮。她本来就性格敏感，不知道是自己睡眠不好导致性格更为敏感，还是对声音敏感导致睡不好觉，总之她的焦虑与压力与日俱增。

🗨 专家建议

很多人都因为楼层间的噪声而饱受折磨，韩国居民住宅的主要形式就是高层公寓和多层住宅，楼层间的噪声问题长期以来都难以避免。噪声不仅限于孩子的跑动，最近养狗的人越来越多，宠物狗跑跳也成了一大问题。

高敏感人群的一大特征就是对声音敏感。人们为了听清某一特定声音会集中注意力，其他人的声音或嘈杂声自然而然就被过滤掉了。最近新发明的某种降噪耳机就是这样，对噪声有过滤功能。其实人类的大脑已经具备这一功能了，但是敏感的人对所有声音都非常敏感，噪声可以让他们清醒，因此他们到了晚上也睡不着觉。

如果一个人对噪声焦虑，那么类似的声音或刺激在他听来就会产生错觉，感觉跟那个噪声一样。窗外汽车的声音、电视的声音听起来就跟楼上的噪声一样。我们的大脑变得对噪声敏感，很容易保持清醒。有时楼上根本就没有什么声音，完全是人的幻听。

> ### 幻听（Auditory hallucination）
>
> 明明周围没有人或事物发出声音，但仍能听到某种声音或某人的声音。幻听与耳朵里传来声音的耳鸣不同，耳鸣听到的大多是"嗡"的声音，以及波涛声、机器声等，通常一侧耳朵听到的声音明显比另一侧要大。相反，幻听所听到的声音大多为人的声音，可能是一个人说话，也可能是几个人的对话。幻听可以区分出声音发出者是男是女，声音是大是小。在出现幻听的时间段，由于患者集中注意力于这个声音，其他人说的话他们很难听到。幻听是患者大脑自己产生的声音，因而耳膜并不产生振动。常见于精神分裂、双向情感障碍、产后抑郁，有精神病症状的抑郁症也会有幻听出现。特别疲惫或敏感的情况下也可能短暂出现幻听，这时必须去精神科接受诊治。

在阿尔茨海默病早期，或认知功能下降的情况下，人们也能感觉到大脑发出的声音。人走到哪里，那个声音就跟到哪里。住在酒店、医院里都能听到同样的声音。我们应当对自身所处情况做一个简单的辨别。幻听时耳膜不会发出振动，听到的是大脑受到刺激自己发出的声音，这种情况并不常见。

幻听所听到的主要是几个人在说话，或有人跟自己说话，艺瑟听到的是楼上的噪声以及"咚咚咚"的声音，这很可能并非幻听。应该说噪声是真实存在的，艺瑟只是比正常人更敏锐地捕捉到了而已。这样的人因为长期对声音敏感，经常一整天待在家里，其实如果能够走出家门接触各种各样的声音，反而有助于降低她的敏感性。比如去大型超市或百货商店，都是有帮助的。这样的地方不仅人多，光线与声音的刺激也多样化，敏感的人去一次可能会感到很疲劳，实在走累了，坐下来闭上眼睛休息一会儿也是个不错的选择。

此外，家里最好将睡觉的空间与休息的空间分离开来。卧室里不要放置电视、收音机等能够发出声响的家电，平时活动最好集中在客厅，只有睡觉的时候才进卧室。如果一定要躺在床上看视频，那么入睡之前最好看一些单调、温和的视频，不要看刺激性强的。咖啡、绿茶、红茶等让人保持清醒、含有咖啡因的饮品尽量少喝。这些饮品与老年性耳背以及听力下降有关联，有必要去耳鼻喉科做个听力诊断。

从高层公寓楼和多层楼房的建筑构造来看，一般来说，自己家是卧室的位置，楼上也应该是卧室。当然也有人将其用作儿童房，如果是这样，就需要跟楼上的邻居商量，告诉对方楼下是卧室，双方共同寻找一个能够消除噪声的方法，比如在地上放一个垫子之类的。交涉时尽可能用不伤害双方感情的语言温和地商讨，如能这样，作为当今一大社会问题的楼层间噪声问题就可以迎刃而解了。

31. 新型冠状病毒肺炎疫情导致的忧郁

曦秀是一位 40 岁的职场妈妈，平时操心的事特别多，属于比较敏感的性格。她有两个正在上小学的儿子。今年受新型冠状病毒肺炎疫情影响，她一直在家里工作，丈夫也是居家办公，两个孩子上学的日子一再推迟，因此一家人整天都待在一起。全家四口，整天整天地待在家里，三顿饭都一起吃，不能出门，这真是破天荒第一次。

曦秀本来很喜欢运动，但因为疫情，健身房和瑜伽教室都临时歇业了，她天天在家里吃吃喝喝，结果体重长了 3 千克。朋友们也没人张罗见面，曦秀要照顾孩子，也没心情见朋友，郁闷的日子持续了几个月。电视里天天播报着新型冠状病毒肺炎的新闻，曦秀看着这些消息，更加焦虑，导致食欲更旺盛了。

有一天，曦秀听说自己居住的公寓有一位新型冠状病毒肺炎确诊患者，全家上下立刻紧张起来。正在此时，大儿子突然开始咳嗽，更加剧了大家的不安。曦秀也偶尔没缘由地咳嗽，她一咳嗽就把全家都吓一跳。曦秀本来就比较敏感，每隔一小时就要给全家量体温，看到家人体温正常她才能放下心来。

曦秀很郁闷，不知道这样的日子要到什么时候才是个头。如果孩子开学就会好很多，可政府真的决定开学时，她又无法相信学校的管理，整天焦虑不安。

● **专家建议**

阿尔贝·加缪的小说《鼠疫》中有这样一句话："感染了鼠疫是疲惫的，但是为了不感染鼠疫而拼死挣扎更是令人疲惫的。"[24] 同样，现在的状况的确是令人疲惫的。我们的身体如果长时间感受到焦虑，在无意识状态下，我们的交感神经系统就会被激活。交感神经系统负责在非常时期增加我们身体的紧张度，以做出应对，这个系统被激活会引得我们整个身体发生变化，比如晚上睡不着觉，感觉心情压抑。心脏的反应就是咚咚咚跳个不停，让人筋疲力尽。呼吸器官的表现是呼吸不畅，连连叹气；胃肠器官则表现为消化不良、恶心呕吐、便秘、腹泻；大脑的反应就是出现头痛、眩晕症状。

人们一般认为焦虑就是精神上焦虑，但敏感的人交感神经系统被激活，焦虑首先会在身体上表现出来。如果身体出现了这样的反应，那你应该想到："对疫情的担心让我太痛苦了，我得改一改。"

我们首先要保持生活节奏跟正常时期一样。因为不上班，天天待在家里，很容易看电视、看手机、晚睡晚起。入睡和晨起的时间如果能和上班时一样，那是最好的。晚上如果吃得过多，不仅会体重增加，消化系统也可能出现问题，最好保证饮食有规律。即使我们愉快地出门旅行，回到家里，由于时差的原因，我们的身体还是会感到紧张、有压力。但现在人们都居家办公，或者主要进行室内活动，随之而来的就是睡懒觉，生活作息发生改变，身体所感受到的压力就升高了。

不出门，整天待在室内，就无法晒到太阳，造成日夜颠倒，让原本就抑郁的心情雪上加霜。因此我建议，最好上午8—9点之间走到宽阔的室外晒晒太阳。如果实在难以做到，搬个椅子在窗户旁晒一会儿太阳也是可以的。透过玻璃照射进来的阳光与外面的阳光差不多，可以让人心情变好，有利于保证睡眠。

疫情新闻看得过多也会产生负面影响。人每天都应该接收重要信息，但是应当尽量避免一整天都接触有关疫情的新闻。这样的新闻会诱发人们陷入深深的恐惧——不知道什么时候自己或家人就会感染病毒。记住只要戴上口罩，注意双手的卫生，就可以预防，不要被网络上满天飞的假新闻所迷惑。

很多人都是居家办公，导致日常生活与工作之间没有明确的分隔，原本正常的生活作息都被打乱了。在公司内，根据自己职位的不同，压力的种类也不一样。如果是普通职员，居家办公就得更多看上司的脸色，而部门负责人由于担心公司业务受损，不知道未来如何，只能自己管理好自己的情绪，这种思想负担也是很重的。居家办公，对家务活完全不参与，也会招致其他家庭成员的不满。这种情况不仅仅局限于丈夫，职场妈妈们也有这个问题，当夫妻二人同时居家办公时，问题尤为突出。

为了更有效地办公，最好尽量保持与平时上班一样的睡眠时间和作息规律。不必上班、节约下来的时间应该计算好，与丈夫或妻子商量，共同分担家务活。同时忙于自己工作时要做到尊重对方的生活习惯。特别是我们韩国人，习惯加班之后很晚才回到家里，与家人长时间待在一起会觉得有些别扭。现在每天与家人一起吃饭，在固定时间一起散步，改变了家人此前的日常生活，对此最好有心理准备。那些有利于心理健康的活动，比如跟朋友见面聊天，发展业余爱好，参加体育活动等，现在都不能再做了，这也是孤独感和焦虑产生的一大原因。不过即使不能和朋友直接见面，发发短信，打个电话，问候一下对方，互相道个平安也是有好处的。

历史上欧洲曾经鼠疫肆虐，人们都说是犹太人或者吉卜赛人传播了这个疾病。疫情下，我们也很容易对少数人产生排斥心理。有些人暴露于新型冠状病毒之下，如果我们不能对他们抱有同情心和关心，不努力保持冷静客观的话，我们也会成为迫害者的一员。

如上所述，确诊者一旦感染了周围人，无法照顾家人，或由于疾病无法正常处理自己的工作，他很可能会对周围人产生负罪感。特别是那些被隔离的人，由于断绝了与外界的联系，他们心里的被排斥感与抑郁感可能会很严重。这时给他们打一个电话也会起到很好的安慰作用。不要以为他们被隔离了，不工作了，一定很轻松，其实很多人是很辛苦的，不要嫌弃他们，更不要批评他们，请给予他们支持与鼓励。

CHAPTER
04

停止内耗，
善用敏感

本章将要讲述9个来访者进行心理咨询、接受诊疗的案例，他们和第三章中出现的31位来访者性格相似——都很敏感。但是与他们不同的是，这9位朋友正是因为特殊的性格，在各自领域内取得了独到的成就。

1. 因敏感而成功的餐饮店老板

50多岁的尚俊是一位成功人士,他从一家小餐馆干起,现在已经是同时经营多家大型餐饮店的大老板了。他经营的餐饮店,由于风味独特、装修考究,在年轻人中颇受欢迎。他和妻子养育了两个女儿,随着餐饮事业步入正轨,他又开始考虑其他创业设想。

尚俊性格温和,彬彬有礼,在事业和家庭上都很成功,但他的过去并非一帆风顺。曾经的他几乎打遍了所有能打的工,父母连他的大学学费都负担不起,小时候由于父亲破产倒闭,家里所有的家具还有器物一度都被贴上了红色的封条。

如果说尚俊的性格与别人有什么不一样,那就是他具有超级旺盛的精力。他连续几天熬夜工作也不会疲惫,非要把问题全部解决才去睡觉。他也是一个非常敏感的完美主义者,他的餐厅里有一点不干净的地方都会令他无法忍受。

通常成功的企业家都像尚俊一样，具备一眼看穿别人的敏锐洞察力。他们做决定的时候果断而坚决，待人接物永远让人感觉如沐春风。但令人难以想象的是，他的内心却是敏感而焦虑的。现在他所面临的问题就是自己应该如何管理好这颗敏感的心。

专家建议

医院成人综合心理检查的结果表明，尚俊是一个精力极为充沛的人，到了轻度狂躁症的程度，但一直维持得很好。创业成功后他还不断寻求新的突破口，这都是精力充沛的表现。但同时他也高度敏感，别人很轻易就能过去的事在他这里却怎么也想不开，一定要执着地刨根问底。精力旺盛的人一般都自信感爆棚，做事不顾前后，容易吃大亏。幸运的是尚俊性格敏感，但做事严谨认真，因此还没有犯过什么大错。

精力非常旺盛的人经常做一些"带有危险性的举动"，比如不合常理的投资、赌博、嗜酒、吸毒、出轨等等。他们丝毫不为别人的意见所动，认为只有自己的主张才是正确的。这里最重要的就是他们首先应该对自己的精力有一个正确的评价，如果认为自己确实精力旺盛，那么就应多多吸取别人的意见，做决定时选择相对保守一点的路线。

领导的一个错误决定，即"业主风险"（owner risk）让整个公司万劫不复，这是常有的事。当然过分担忧，造成重要的决定迟迟不能做出，这种态度对一家公司的发展也是毫无益处的。做出重要决定时，最好能满足以下两方面的要求。第一，自己要做的事情为什么是必须的，会带来什么结果，能够顺利说服别人吗？第二，我现在是否情绪稳定？要知道一时激动或一时气愤所做出的决定，基本上将来都是要后悔的。

最重要的就是本人对自己的敏感状态要有一个正确认识。比方说，如果认为这件事对自己无益，那么即使蒙受一点损失，也要果断下定决心，及时"止损"。不能因为现在停下来会有损失，就心软继续投入，那将来等着你的会是更大的损失。特别是赌博、酗酒、出轨，这些事情慢慢磨损人的心志，不仅会让你蒙受更大的损失，还会让心理变得更为脆弱，丧失正常的判断能力，发生危险，不得不向周围人寻求帮助。股票、投资如果超过了正常限度，也可以看成是一种赌博。

如果感觉自己的精力过于旺盛，我奉劝一句，与其开始新的创业，不如把现在手头上的工作做得更好。比方说，尚俊可以找出现在餐馆里存在的问题，尝试开发一些新的菜谱。

成功人士都有一个共同点，那就是家庭非常和谐。把你精力的一部分投入到家庭中去吧！只有家庭和谐，才不至于在家庭事务上消耗更多的精力，那颗敏感的心回到家里，也会自然而然地得到安宁。精力旺盛的人如果有了"出轨问题"，可能会招致意想不到的严重后果。夫妻之间的信任一旦崩塌，想要恢复可太难了。

我想给尚俊提供一个方法，平时用适当的方式消耗自己多余的精力，就不会产生那样的问题了。打高尔夫或网球来释放过剩的精力怎么样？养一只宠物狗，或者去社区做志愿者都是不错的选择。

◆ 心理咨询之后

幸运的是尚俊在心理咨询以后对自身情况有了更为清醒的认识。他最近纠结的是如何才能将自己的精力维持在一个合适的范围内。他认识到自己比一般人更喜欢冒险，也为此而忧虑，因此每当面临有风险的抉择时，他开始更多地倾听周围人的意见。以前他的外号是"任我行"，最近人们发现，他开始采纳多方面的意见，态度来了个180度的大转弯。尚俊与家人的关系也越来越和谐，这也成为他事业成功的一种助推力。

2. 摆脱酗酒父亲的阴影，走向成功的社会工作者

申海是一位 45 岁的女性社会工作者，享有较高的社会声誉。她所从事的工作非常了不起——让长期酗酒者接受治疗，防止酒瘾复发，帮助他们成功戒酒。更为难得的是，她对自己的工作从不叫苦叫累，总是一脸温柔，微笑对待所有人，为此她多次获得各种表彰和奖励。

申海刚成为社会工作者，就对长期酗酒者表现出了极大的热情。她还申请了一个帮助患者治疗后顺利回归社会生活的项目，多次直接找到当地工厂的老板，说服他们给成功戒酒的人提供工作岗位。有一次她负责的患者生病住院，却没钱治疗，她掏出自己的存折为其支付了医药费，之后还多次去医院探望这名患者。周围同事无不佩服申海的工作热情，但有时也会感觉她的所作所

为有点越界了。

"倦怠感"非常容易发生在申海这样的人身上。他们工作起来对公事、私事没有一个明确的区分,总是不顾一切地全情投入,这样持续工作下去,总有一天会感到筋疲力尽的。有一天申海正在工作,突然她泪眼婆娑,紧接着眼泪就像决堤一样倾泻而出。她突然说:"我不干了!"把同事们吓了一跳。其实她一直以来都远远超出了正常社会工作者的业务范畴,几乎完全没有私人空间。

申海的成长环境其实非常恶劣、非常黑暗,这一点她从未对人谈起。她的父亲在建筑工地上打零工,本身就是一名长期酗酒者。喝完酒回家就殴打申海的母亲,朝着两个女儿乱吼乱叫,打砸家里的物品。母亲非常软弱,眼看着孩子挨打却无力保护,她自己无数次被家庭暴力伤害,也一次都没有反抗过。申海从小就想,生活在这样的家庭,还不如干脆就没有家,她觉得自己有义务拯救母亲和妹妹。有一次申海跟父亲顶了一句嘴,立刻就被父亲揪着头发往地上撞。父亲可能得了慢性酒精中毒性痴呆,每次酒后打人,转天就忘得一干二净。

高考过后,申海从地方来到首尔上大学,此后她一次也没见过自己的父亲。有一天母亲打来电话,说:"你爸得了肝硬化,活不了多久了。他说想跟你当面说句对不起。"但是申海无法原谅父亲,不仅没有回去见父亲最后一面,连葬礼都没有出席。

此后,申海选择成为一名社会工作者,去帮助那些长期酗酒者。因为没见濒死的父亲最后一面,她内心始终有一种负罪感。这种负罪感一旦出现就不会消失。她将自己的感受转移到工作对象身上，如果不能一直陪伴在他们周围，她就会产生强烈的负罪感。而这种状态一旦超越了她所能承受的限度，就成了今天的样子。

💬 专家建议

每个人都有自己的心理创伤，而心理敏感的人所经历的心理创伤格外多。克服心理创伤固然不容易，但是不能让过去的心理创伤支配我们当下的生活，这就需要我们拿出直面问题的勇气，实现一个转折。

如果能够好好地克服心理创伤，就能获得与众不同的力量，更好地完成申海的工作。如果回避问题，或者把解决问题的方向搞错，那就会像她现在这样，面临筋疲力尽的境地。不管是求职还是选择人生伴侣，面临重要抉择时，过去的心理创伤都会发挥极大的影响。

这就可以看出，一个人与父母的关系，对他一生的人际关系都是影响深远的。申海从小承受着酗酒父亲的暴力，依然考上大学，毕业后选择了帮助其他酗酒者。由此看来，申海属于"心理韧性"比较强大的人。

心理韧性（Resilience）

人生即使经历大的挫折，依然不气馁，有能力用更好的方式东山再起。心理韧性是一种战胜逆境的正能量，从自己的失败中吸取经验教训，并用来帮助别人，或灵活运用在自己的事业上。如果一个人高度自信，认为："当初那样的困难我都能够战胜，现在这种情况我也完全可以克服！"就说明他的心理韧性很好。对于使自己经受考验的人或者社会，不是心怀愤怒，而是将自己的经历升华，开创新的局面。一项针对美国转役军人所进行的研究表明，那些社会链接性（social connectedness）较好，带有正能量，常怀感恩之心的人心理韧性较高，自杀想法较少。[1]

申海身上的心理韧性就表现在温柔的表情和微笑之中。她说经常觉得与人见面是一件愉悦的事，"我所帮助的人能够从我身上汲取能量，这是我的幸福。我帮助一个人，就可以减少一个我所经历过的痛苦家庭"。从现在开始，申海应该注意，为患者做的各种努力不要超越自己的界限。工作上，要熟悉有关规定，按照规定去做力所能及之事。如果必须要额外多做点什么，最好先跟上司商量之后再做决定。

像申海父亲这样的所作所为：长期酗酒，具有强烈暴力倾向，听起来仿佛是20世纪的事。然而时间过去了40年，时至今日，这样的故事依然在不断上演。父亲把酒精依赖传给自己的子女，暴力倾向也传给子女，这种事在今天也很常见。很多时候，酗酒与家庭暴力问题不是靠一个人的力量就可以解决的，最好是整个家庭齐心协力，同时也必须接受正规的医学治疗。

◆ **心理咨询之后**

申海正在积极调整自己的心理创伤，她现在明白了，自己将全部精力投入到对酗酒者的帮助之中，并且陪在他们身边，这是源于童年的心理创伤。她努力让自己不带负罪感地去帮助酗酒者。如果遇到自己一个人无法做决定的事，就和上司、同事商量。对于一些需要医学手段干预治疗的酗酒者，她会采取措施找到附近的医院和精神科，协助其进行药物治疗。当初她差一点就辞去工作，钻进死胡同，陷入更严重的负罪感中，经过心理咨询，她放弃了自己的极端选择，正在为成为一名更好的社会工作者而努力。

3. 战胜死亡冲动的基金经理

尚进是一位 45 岁的男性，从事投资金融行业。他的每一笔投资都获得了可观的收益，书写了成功的神话，目前正打算成立自己的公司。

周围没人知道尚进从 10 岁开始到 30 岁之间的"黑历史"。其实他的性格非常敏感，整个初中、高中都没什么朋友，基本就是一个人打游戏。父母觉得儿子太没出息，也没少责骂他，但是尚进离开游戏就局促不安，心情就像马上要爆炸一样。在学校里，他最恐惧的就是直视同学的眼睛。他也极度恐惧说话，每当站在同学们面前或者被老师斥责，同学们的目光都集中在自己身上时，他甚至会产生想死的冲动。用他的话说就是"感觉呼吸停止了，浑身的血液都往脑子里涌"。所幸的是尚进非常聪明，还是顺利考上了大学。但上大学后他的人际关系与生活方式并没有什么改善，整天都是独来独往。

在大学里，有一位女生吸引了他的注意力，占据了他整个内心世界。由于他长期打游戏，练出了高超的电脑水平，他利用自己的特长找到了这位女同学所申请的全部课程，然后自己也申请同一科目，终于有一天找到了机会，两人下课后单独吃饭。但是他过于敏感内向，从来没交过什么朋友，与女孩子相处自然也很不顺利。他与对方吃饭时心脏狂跳，浑身发抖，也不敢看对方的眼睛，结果没说几句话就结束了。此后他再也没有勇气去见那个女生，甚至产生了自杀的想法。他觉得"我这样的人没资格活在世上"，随着时间的流逝，尚进陷入不断的自责之中。

尚进小时候与母亲的分离焦虑就十分严重。尚进上幼儿园时无论如何也不肯去，让母亲吃了很多苦头。在幼儿园里他经常尿裤子，还不敢跟老师说，回到家才告诉妈妈。虽然他不敢直视别人的眼睛，但是他脑子非常聪明，数学和电脑方面都胜人一筹，因此在投资金融领域里取得了很大的成功，但是他完全不知道该如何改变自己目前这种小心翼翼的性格。

● **专家建议**

很多人在人际关系上都不太顺利，与别人见面时表现得非常笨拙，但是在操控电脑、智能手机等方面却表现不俗。就像有些人视力不好，但是手部的触觉却非常人所能及。问题是，人际关系处理不好，其他方面的才能也很难得到展现的机会。

事实上，求职就业、寻找伴侣，这些都与人际关系密不可分。如果不想与人打交道，那就只能在"家庭手工作坊"里工作了。尚进几乎没有什么机会学习与人交往的方法，为此差点埋没了自己的才华。但他最终还是鼓起勇气，来到了精神科。

"正视对方的眼睛"是人际交往中的基本法则。即使我们戴着口罩走在街上，也不妨碍我们认出熟人，但如果把眼睛挡住，区分起来就困难了。眼睛可以让我们认清对方的状态，他是生气了，还是疲倦了，是高兴，还是不高兴，有没有集中注意力听我说话，都要通过看对方的眼睛得到信息。孩子看到母亲的眼睛就会露出微笑，这被称为"社会性微笑"。人类从母亲那里学习到的"社会性微笑"就是人际关系训练的开端。

想做到与人对话时能够正视对方的眼睛，可以选一个熟悉的人开始练习。尚进在家里与母亲、妹妹说话时完全没有问题，但遇到陌生人就不自觉地躲避对方的眼神，或者说着说着无意识地就去看地面了。在家人之外，你应该找一个"与自己有着共同爱好的人"，从他开始，练习说话时正视对方的眼神。

既然尚进对投资分析很在行，不妨找一个同样关注这个领域的朋友，把他当作练习的对象。说话时看着对方的眼睛，就容易产生交流的感觉，朋友也会逐渐多起来。朋友多了之后，自杀的想法也会消失，这就叫"链接性"。经常与人见面，你就会越来越感到愉悦、放松，你们之间产生相互作用，那么沉迷于自杀想法的时间也自然而然就减少了。

特别是寻找人生伴侣时，如果找到一位能够弥补自己不足的人，那将会对你形成一个大的保护网。这叫作"安全基地"（secure base）[2]，指配偶代替了儿时父母的角色。

尚进需要注意的是自己身上的攻击性。

"我要是生气了，不管什么场合，说爆发就爆发。"

"别人要是不同意我的意见，我就很生气。"

"要是有车挤到了我的车前面，有人插队加塞，我真想开车撞过去。"

"我觉得自己总是紧张兮兮。"

死亡冲动是对自己的攻击性，这个攻击性一旦消失就会转向他人，身上的攻击性和怒火就很容易爆发。周围总是会有敌人的，所以需要注意这一点，最好能用亲切、正常的态度对待他人。即使自己的主张是正确的，也要尽量去聆听他人的意见。

◆ 心理咨询之后

尚进第一次来到医院时，说自己与人说话时不敢正视对方的眼睛，经常有想死的冲动。在主治医生治疗 3 个月后，与人对话时，尚进已经能够自然地直视对方的眼睛了。而且他听从医生的建议，参加了投资分析爱好者社团。那里让他眼前一亮，非常有趣，而且朋友们说的话都被他听在耳里，记在心里。和与自己有共同爱好的人聚在一起，尚进的才能得到了更好的发挥。

在与朋友交往的过程中，他也逐渐感受到了人间真情，自杀的想法越来越少。通过参加群体活动，他与别人建立了更强更广的链接性。这个方法提升了他的自尊心，减少了他的自杀冲动。现在，尚进成了一位著名的基金经理，日子过得很不错。跟当年那个女同学分开后，他的异性关系如何呢？现在他已经结婚，遇到了称心如意的妻子。妻子的性格非常安静，正好可以减少尚进的分离焦虑，是他理想的人生伴侣。

4. 克服舞台恐惧症的大提琴手

秀美是一位 30 岁的单身女性，从小就经常听别人说自己敏感。她从来不说令人生厌的话，总是活得小心翼翼，现在在一个交响乐团做大提琴手。秀美从艺术中学一直上到了大学音乐系，多年来一直与大提琴为伍，登台演出对她来说就是日常生活的一部分，再自然不过了。

她原以为自己的生活就这样四平八稳地过下去了，没想到乐团新来了一位年轻的指挥，问题也就随之产生。与之前的指挥不同，新来的指挥性格强势，说话也非常直接。他心中有自己对音乐的设想，如果成员的演奏不符合他的理念，他就经常让乐团一直演奏到深夜。所有人都觉得这个指挥有问题，甚至有人主动离开了乐团。如果组长或部门负责人的性格不好，再怎么引起职员的不满，一般来说最后辞职离开的都是下面的职员。当时乐团成员们一起辞职时，秀美坚持留了下来。可从那以后，秀美的压力越来越大，头发大把大把地掉，而且经常不自觉地长吁短叹。

结果有一天，乐团正在为迎接一个大型演出在舞台上练习，秀美的手突然开始抖起来，完全无法控制。演出开始后，秀美还是手抖得厉害，胳膊也不能伸展自如。好在观众和其他成员并未发现，秀美坚持到了演出结束。从此以后，她对上台演出和彩排产生了深深的恐惧。

💬 专家建议

谨小慎微的人很难向上司袒露心声。很多人在学生时代，遇到老师就大脑一片空白，什么话也说不出来，成年之后也总是忍着不说。但忍耐总是有极限的，如果我们的身体再也忍受不下去了，就会以症状的形式表现出来。秀美就出现了手抖，胳膊不听使唤的症状，其实这在很多人的身上都出现过，只是程度和身体部位不同而已。这叫作"躯体化"，是精神压力太大导致身体出现了异常。不管在医院怎么检查，结果也是一切正常。

秀美能够与同事讨论，找出核心问题出在哪里，这种勇气值得钦佩。如果只是自己压力大，同事们都没问题，那么新来的指挥就不是问题的根源，原因就在自己身上。相反，如果其他同事也跟她想法一样，那就应该与指挥一起解决。这里重要的是既要认可新来的指挥的权威地位，还要委婉地表达，让他能够接受乐团成员的意见。秀美应该好好想一想指挥如何改变才能对自己与其他同事有所帮助，再去找他当面详谈。也就是说，这不是为了自己，也不是为了指挥，而是为了整个交响乐团，是为集体寻找正确的前进方向。

如果那样说了，这位年轻的指挥还是不接受，依然坚持自己的想法，那么就可以认定他已经失去了当一名上司的资格。如果是这样，那也不必着急马上提出自己的强烈主张，应该过一段时间，等指挥心情不错的时候再尝试去和他谈谈。

秀美不仅是一位优秀的大提琴手，还有冷静解决问题的能力，今后一定会有更多的人对她的能力表示认可的。

✦ 心理咨询之后

最终秀美说服自己做了一个大胆的决定，汇集同事们的意见，自己与指挥直接对话。她果然再一次紧张起来，还没见到指挥就开始手抖，胳膊也麻木了，就连打开指挥办公室的门都费了好大的劲儿。谈话持续了相当长的一段时间，双方表明了自己的立场，也仔细倾听了对方的意见，缩小了二者之间的分歧。指挥道歉说自己经历少，不够成熟。最后秀美微笑着走了出来，这样的经历对秀美来说是第一次——她平生第一次把自己的想法主动说给别人听，经历了这次谈话，她与指挥更加合拍了。

不久后那位指挥去了一个更大的乐团，令人意外的是他提议秀美一起去。此后秀美跟着那位指挥，在更大的舞台演出，成了一流的大提琴手，再也没有发生过恐惧舞台的事。

5. 战胜抑郁症的公司负责人

"这次我一定要把公司解散！"这是深陷抑郁症的浩诚的真实想法。他今年70岁，目前经营着一家机器零部件公司。从年轻时起，浩诚就非常勤劳诚实，从最底层一直奋斗到创办了一家稳定的公司。但是一夜之间不幸如狂风暴雨袭来，让多年来辛辛苦苦积累下来的一切都功亏一篑。6个月前一位员工在工作过程中发生了事故，浩诚的不幸也随之开始了。

员工的伤势很重，家属不仅要求公司进行赔偿和道歉，还一直对他恶语相加。要是他还年轻，这也不算什么大事，但现在上了年纪，他总是想："我一辈子努力工作，得到的就是这个吗？"他陷入深深的自责，无法摆脱。

一想到公司他就厌恶，下定决心要结束一切。此后他变得非常敏感，电话铃声响起都能把他吓一跳。他还出现了睡眠障碍，每天都要过了凌晨 2 点才能入睡。即使睡着了也睡不安稳，每隔 1 小时就会醒来一次，还会梦见自己解散公司，遭到员工反对，被别人揪住领口。

浩诚本来就是个完美主义者，所有事情都坚持亲力亲为。工厂里每一个角落他都小心翼翼地守护着，对每一位员工他都关怀备至。他精力特别旺盛，才有可能做到这些，他的员工也特别喜欢浩诚。但是近年来进入公司的都是些年轻的员工，浩诚觉得自己与他们有点相处不来。无论是工作方式还是思维方式，都存在显著差异，任何一方都不愿意轻易让步。年轻员工说自己这一代就是要堂堂正正地说出自己的想法，这让浩诚不禁一次次回想起自己刚开始工作时的模样。

作为公司负责人，在这种情况下坚持下来并不容易，他甚至对自己的工作产生了深深的怀疑。再加上员工受伤严重，这更加重了他的抑郁症。他觉得与其坚持干下去，还不如干脆把公司解散了更好——他困在了自己的极端选择之中。

专家建议

抑郁症来袭，这说明到目前为止，浩诚的所作所为让他的身体和心灵都无法再坚持下去，到达忍耐的极限了。这时就需要别人的帮助，以此为基础努力改变自己此前的行事风格。患上抑郁症的人首先冒出来的想法就是辞职，或者结束自己一直以来干的事情。

我反而强烈建议，在辞职或结束工作之前，先接受治疗。一旦辞职想再就业就难了，精力旺盛且一直勤恳工作的人一旦待在家里，会非常郁闷，容易得上二次抑郁症。平生的努力都会毁于一旦，这不仅对本人来说是个问题，对其他一起工作的员工也是一道难关，对整个社会来说更是巨大的损失。

做噩梦说明浩诚平时就有梦中内容的压力。有时梦的内容太过逼真，会把自己吓醒，每当这个时候，都会吓得心惊肉跳，无法入睡。这时吃安眠药也没有多大帮助。吃安眠药虽然能短时间内让人快速入睡，但长期来看，会损害记忆力，造成认知功能下降，导致摔倒跌伤、冲动性加剧等问题。

有些人吃了安眠药，第二天早晨会做出无意识的举动。我见过很多人，说自己早晨在似睡非睡意识不太清楚的情况下，打电话大发雷霆，胡言乱语，把自己搞得很狼狈。如果将电话打给了重要的顾客或交易对象，发生了这样的事，将来难以收场。要接受抑郁症相关的正确治疗，才能预防这种情况。得了抑郁症睡不着觉，只吃安眠药，就相当于得了肺炎发烧，却只吃退烧药一样。

上了年纪，就要面对不是所有事情都归自己掌控的现实。这时就不要再固执下去了，让出位子吧。对浩诚来说，最重要的是每次做出决定时，最好与年轻员工商量一下，抑郁症发作的时候人会变得更加敏感，也更加固执。只有倾听别人的意见，听取专家的建议，才能顺利渡过难关。

◆ 心理咨询之后

万幸的是那位受伤员工经过治疗恢复了健康，重新回到了工作岗位上。当初差点播下不幸的种子，好在最后结果不错。那位员工来到浩诚的办公室拜访，对浩诚多年来的照顾表示深深的感谢。这时的浩诚浑身冒冷汗，竟然说不出话来。浩诚认识到问题的严重性，为了防止进一步恶化，他与家人商量后决定去精神科接受专门的诊治。他先做了头部磁共振成像，好在没有什么问题，检查的结果就是他得了抑郁症。在韩国社会，作为一家之主的男性，承认自己得了抑郁症并不是一件简单的事，浩诚一开始也难以接受，但他不得不面对现实，决心接受医生的治疗方案，而且决定把解散公司的事放到治疗结束之后再说。药物治疗与谈话治疗双管齐下，浩诚的抑郁症大为好转。现在他意识到一个人不可能管理所有事情，把目光聚集到了组织的灵活性上，逐渐把权限下放给年轻员工。此后公司的规模进一步扩大，发展得更好了。

6. 战胜视线恐惧症的老师

东旭今年 35 岁,原本他有视线恐惧症,非常害怕直视他人的目光。这个病始于高二,开始时他不敢跟陌生人对视。上了大学之后,与本专业的同学在一起,都不敢正面直视对方,连父母的目光也要回避。甚至当他照镜子看到自己的面庞时,都会下意识地把头转过去。

他也控制不好自己的视线,有时使劲瞪眼,搞得周围人都以为他生气了,觉得他过于敏感,于是纷纷离他远远的。他得不到家人、朋友的好感,也得不到他们的支持,于是渐渐地变得越来越不自信,眼睛总是看着地面,头也总是以 15 度角转向旁边。我们都知道,人与人之间的交流始于彼此目光相遇的那一刻。东旭连最基本的直视对方都做不到,与人交往时更没有自信,患上了严重的抑郁症。

高二那一年到底发生了什么事呢？当时东旭所在的班级里，有个男生总是取笑东旭的外貌。其他同学也跟那个男生一伙，取笑东旭的长相，不知从什么时候开始，东旭成了班里受人排挤的学生。他打心底讨厌上学，只要看到那个男生就焦虑不安，就是从那时起，东旭不敢再直视别人的目光了。

专家建议

说话时看着对方的眼睛，这是人际关系中最重要的部分。因为只有直视对方的眼睛，才能更容易地记住对方，也才能进行下一步的感情交流。那些总是担心别人看法的人通常不敢直视对方的眼睛，只能不断地往上翻眼睛或看着旁边。

眼睛上翻就会造成眼白部分露出更多，黑色的眼珠被上眼睑遮挡住，谈话的对方会感觉自己受到了攻击。古时候管这种眼睛叫"三白眼"，就是从正面看，能够看到眼睛里左边、右边和下边三处的眼白部分。

视线恐惧症必须通过个人努力、改变思想才能好转，否则越是紧张，恐惧症就越是严重。比方说在别人面前发言，或者面试时会更加严重，那就会影响个人实力的正常发挥。这就是为什么我们从小开始就应该不懈努力克服视线恐惧症的原因。

首先你应该看着镜子，调节头部位置让眼睛里下面的眼白部分不要露出来。要想让眼睛的瞳孔位于眼睛的中间位置，稍稍抬头就可以了。当然一开始会有些不舒服，觉得看镜子里自己的眼睛都有负担。即使这样也要坚持直视自己的眼睛，然后微笑，观察一下自己如何微笑才能显得更自然。

对着镜子努力练习之后，最好再找父母、兄弟、好朋友练习，一边跟他们说话一边直视他们的眼睛。如果对方能给你反馈，告诉你眼神是否在躲闪，那就最好不过了。如果把头转走，或眼睛上翻，就从头再来。练习对象从熟悉的人开始，逐渐扩展到陌生人。当你能够直视别人的眼睛，并且觉得舒服了，那么与人交往自然而然也会变得舒服，也就能够与更多的人交往了。

这里最重要的一点是，只有你的想法和行动发生改变，你的心灵才会改变。如果一直回避别人的目光、被人群孤立，那就只能一个人过日子。这样的生活一久，你就会恐惧外出，觉得出门会受到威胁。偶尔在电视或网络上看到一些可怕的事件，更会为自己闭门不出找到合理的借口。

◆ 心理咨询之后

直视对方的眼睛，这对普通人来说就像吃饭睡觉一样简单、自然，可是对东旭来说却是一项要付出巨大努力才能够完成的任务。东旭之所以能够战胜视线恐惧症，有一个比较讽刺的转折点——他成了一名课外辅导班教师。一开始他非常担心自己能否正常讲课，但一想到学生们都比自己年龄小，心里就舒服些，能够比较容易地直视他们的目光了。但是碰到一些身材魁梧的学生，他不禁会想起高中的经历，又变得不敢直视对方了。经过一轮又一轮的努力，不断地练习微笑着看别人的眼睛，他终于可以直视所有学生了。东旭认为除了反复练习之外别无他路可寻，越是遇到让他为难的学生，他就越是不能躲避，让自己保持微笑的表情。

东旭现在讲课时，可以看着每一位学生的眼睛，因为他明白，只有这样才能把知识和情感传递给对方。随着视线恐惧症的消失，人们都说他的表情也越来越平和了。东旭本来就格外注意他人的眼色，这个性格反倒成了他的推动力。他备课比谁都认真仔细，课程内容比谁都丰富充实，没有一位学生对他的课程不满意。敏感成了他的宝贵财富，现在的他是首尔江南区的人气教师，在业界非常有名。

7. 克服酒后失控的餐馆老板

45 岁的大浩已经结婚,有个稳定的家庭,经营着一家餐馆。餐馆的营业额很不错,让他赚了不少钱,目前他在准备再开一家分店。认识大浩的人都异口同声地说他是一个热心周到的好人。但是跟他喝过酒后,对他的印象就会来个 180 度大转弯。人们说有种人"一喝酒就成狗",这个颇具侮辱性的标签一直跟他如影随形。令大浩痛苦的是自己喝了酒之后的所作所为,通常他都像断了片儿似的根本记不住,偶尔有些记忆回想起来,连他自己也觉得太丢人,恨不得找个地缝钻进去。

他这一点是随了父亲。父亲也非常喜欢饮酒,逢酒必喝,而且一喝就醉,常常与一同喝酒的人发生争执。最终父亲身边的朋友都一个一个地离开了他。

大浩的这一症状最近越来越严重了,酒后回家对妻子辱骂,手碰到家里什么东西都随便乱扔,还跟路人发生争执,不得不在派出所写调查记录,甚至酒后驾车被吊销了驾照。一直默默忍受丈夫暴力的妻子终于下了最后通牒:"跟你在一起的每一天都无比痛苦,我再也过不下去了,我要离婚!"

他从没想过离婚,最近他又添了个新毛病——一喝酒就哭,结果朋友们都纷纷躲着他。他还要操心餐馆的经营,但现在他自己都嫌弃自己。他感觉一切都要垮掉了,去医院接受治疗是最后的路。

💬 专家建议

大浩最了不起的一点是接受了"我的饮酒习惯有问题""我是酒精上瘾者"这个事实,接受治疗也是自己做出的决定。检查结果认为大浩是对酒精依赖导致严重的"酒精诱导的抑制性控制障碍"[3]。

有一项研究调查了一万名有饮酒经历的韩国人,即使只喝过一杯酒的也算。结果显示,其中 5.96% 的人有"酒精引发失控"倾向。酒精能够对抑制大脑额叶的中枢神经系统产生抑制效果,大部分人过度饮酒后,大脑受到抑制会产生困倦。但是有些人的大脑,额叶比起其他部位,受到了更多的抑制,导致额叶调节冲动的功能下降,让冲动很难得到调节。

这种人除了饮酒,服用安眠药、中枢神经抑制剂也会出现类似现象。有人做内窥镜检查前接受全身麻醉进入睡眠状态,醒来后却开始骂人、高声喊叫等，表现出情绪失控的倾向。喝的酒度数越高，症状越是明显。他们喝了酒，明明心里清楚，可还是无法控制自己，就像一辆没有刹车装置的汽车一样，只会一口口喝下度数更高的酒。

"喝断片儿"是酒精引发的记忆障碍，用英语说就是"black-out"，指酒后对喝酒过程中发生的事完全不记得的现象。喝酒后，完全不记得自己是怎么回家的，或者记忆时断时续，不知道到底发生了什么。这种"喝断片儿"的现象经常发生于那些短时间内喝了大量酒的人，据说如果喝酒频繁，或者在身体疲惫的状态下饮酒、空腹饮酒等都会提升这种风险。

在"喝断片儿"状态下，做了自己都不知道的行为，很可能会触犯法律，或者发生交通事故，因此要格外注意。而且如果一直有"喝断片儿"的经历，仍然持续饮酒，容易患上酒精诱发性痴呆。酒精的毒性可以让人患上韦尼克-科尔萨科夫综合征（Wernicke-Korsakov syndrome）——一种大脑退化疾病。临床主要表现为健忘症，对自己记不住的内容进行胡乱编造的妄言症，末梢神经障碍，运动失调症等症状。此外如果一个人长期酗酒，突然中断的话，酒精戒断综合征可能会导致他看见不存在的东西，或者造成严重的手抖，因此应该在接受治疗的同时戒酒。

酗酒的人会缺乏硫胺素，即维生素B1，硫胺素不足，进而会造成焦虑、不安、头痛、疲劳、食欲不振、体重下降等与抑郁症相关症状的出现。酒精可以降低人体对硫胺素的吸收，提高对它的代谢，因此酒精依赖会造成硫胺素缺失。服用硫胺素有助于降低酒精带来的毒性，即使戒了酒，最好也保持对硫胺素的摄入。

像大浩这样，酒精引发失控，或者说"喝断片儿"，带有家族遗传倾向。也就是说大浩的父亲、祖父很有可能曾经也这样。酗酒问题经常伴随着家庭暴力，会给妻子和子女带来非常不好的影响。更严重的是，子女很讨厌这样的父母，但最终也会学父母的样子。只有努力戒酒，才能够阻止酗酒问题传给下一代。

◆ 心理咨询之后

戒掉酒精依赖真的不是件简单的事情，大浩是主动接受治疗的。为了不影响孩子，也为了化解与妻子的婚姻危机，他强烈地意识到自己只有一条路可走，那就是接受治疗。他在治疗期间，如果需要跟朋友们见面，就尽量把时间安排在白天。即使安排在了晚上，他也会告诉朋友自己正在戒酒，拜托朋友们协助自己治疗。人们也慢慢习惯了与大浩光聊天不喝酒。随着大浩戒酒成功，他的身体以惊人的速度恢复了健康。工作效率更高了，餐馆的生意也更好了，他和妻子的关系自然也得到了改善。但是他当初将家里弄得乱七八糟，以及他身上的暴力倾向给妻子留下了难以愈合的创伤，要想让夫妻关系得到完全修复，还需要时间和精力，他正在为此而努力。

8. 四次元思路让她当上了作家

有些人沉迷于自己的世界，用时下流行的话来说叫"四次元"。美国电视剧《生活大爆炸》（*The Big Bang Theory*）中有四个科学怪才，他们就是典型的四次元类型。30岁的恩雅上大学时外号就是"四次元"。她总是独来独往，经常一个人陷入沉思，喜欢研究"死后世界""灵魂""复生"这些话题，一点也不像个女大学生。她喜欢的电影也是一般人不容易看懂的，喜欢看的书也是哲学书。

她的父母比较传统，希望女儿能够努力考上公务员，或者当个公司职员。恩雅学习不可谓不努力，问题是她所学的大多是与现实世界毫无关联的主题，为此与父母矛盾很深。

恩雅梦想成为电视剧编剧或电影编剧，她的朋友也都是有着相同梦想的人。四次元的人彼此都是心意相通的。但就连她的好朋友也经常不理解她的想法，觉得她的想法好是好，但实在太脱离现实了。与家人有矛盾也就罢了，就连好朋友都是这种反应，恩雅该何去何从？

💬 专家建议

有创意的人看起来都像是沉浸在个人世界里的"四次元"，但其实他们很可能是想到了别人没想到的想法，看到了别人没注意到的现象。也就是说，他们虽然看起来有点不靠谱，但很可能会创造出让一般人无法企及的附加值，成就更大的事业。今天这个时代，反而是凸显"四次元"的时代。

有时我们在电视上能看到一些学习天才，别人高中时才学的微积分，他在小学时就已经掌握，汉字认识了上万个，其实这些人算不上天才。这是阿斯伯格综合征。他们埋头于一件事情，就在这个领域表现出超人的才能，但在人际关系上他们几乎毫无建树。也就是说他们的成就跟创意并不搭边。

所谓天才，不是提前几年就把别人能干的事给干了，而是想出了别人想不到的事。恩雅虽然被称为"四次元"，有很多奇奇怪怪的想法，但是经常有一些与众不同的话语和作品，能发挥出惊人的才能。天才就是来源于这样的人。

如果想要取得成功，就必须发挥灵活性，接受别人对她"四次元"想法的反馈，并把它们融入作品中去。如果一味固执地认为只有自己才是正确的，那是没有发展的。有些"四次元"的人不具备灵活性，一直被孤立，最后往往被那些认可自己的"邪教"组织所蒙骗。

依恩雅目前的情况来看，我建议她去专门的教育机构学习如何写出符合形式要求的作品。她已经有了与众不同的创意，如果能再贴近一下现实就更好了。抛弃自己的想法，追随别人的想法，并不是一个好的选择。但是她首先应该熟悉在那个领域里工作的人所必须掌握的基本方法，才能为梦想插上翅膀。

那些成功人士通常会有很多很好的创意。创意就像钻石的原石，要经很多人的手打磨，一颗精美绝伦的钻石才会诞生。认识更多人，去倾听更多人的想法和故事，如果只认识一个领域的人，那么你的"灵活性"就不够。不管自己产生了多么好的想法，也要倾听身边人的意见再下决心，养成这样的习惯会有很大帮助。

◆ 心理咨询之后

恩雅要实现梦想的动机与目标意识非常强烈，心理咨询结束后，她立刻就开始倾听朋友们的意见。周围人的思维方式都是很现实的，对此她也不是没有反感过，但每当她不开心时，就想大家这都是为自己好，努力把他们的意思和建议都记下来。在思维的冲突中做出让步，就等于是把一部分自我交出来，这对她来说不是一件容易的事。但是随着她包容性的不断扩大，最后造就了更大格局的自己。

而且恩雅听从了心理医生的建议，真的去找了一家专门教人写作的机构，这成为她人生的一个转折。在那里，她遇到了一位好老师，进一步锤炼自己的写作能力。听说后来有一个剧本招募项目，她的作品成功入选了。

现在的恩雅已经褪去了当年"四次元"的模样，经常与同事们讨论，她也很喜欢这种讨论。因为她明白，要想把自己的文字作品搬上银幕，她非常需要与这些人进行交流。她认为把别人的意见好好地反映到作品中，是创作必不可少的过程。

9. 战胜厌食症的饰品店老板

智媛是一名 35 岁的女性，因为一年没来月经，最近去了妇科看病。医生认为她的子宫和卵巢都完全没有问题，但是她的体重太轻，导致月经失调。智媛身高 170 厘米，算是个子比较高的，而体重只有 45 千克，非常瘦。但是她依然认为自己大腿上有很多赘肉，完全不认同自己偏瘦这件事。

智媛拒绝进食的情况越来越严重，她丈夫的担忧也与日俱增。她根本不吃饭，只依靠给病人准备的流食补充营养，后来体重降到了 40 千克。问题不仅仅是体重下降导致月经失调，更可怕的是她的肝脏、肾脏的功能都受到了损害。她偶尔也吃点东西，但是食物卡在嗓子里死活咽不下去，她自己也倍感痛苦。

原来她的心理受过一次严重的冲击——她发现丈夫与同事出

轨了。为此他们大吵了一架,从此她总是怀疑丈夫是不是再次出轨,心理压力非常大。"从那时起我就觉得恶心,没法吃东西。就是从我不吃饭起,丈夫逐渐开始关心我。那我也不相信他,他每次说要晚点回来,我就忍不住怀疑他。"

智媛的状态日益恶化,最终决定去精神科住院接受治疗。

● **专家建议**

很多人都因厌食症而苦恼。厌食症与不能吃饭的理由无关,明明身体很瘦弱但不承认这个事实,患者对自己身体状态的认识比较扭曲。

何谓厌食症?

1. 对身体的认识是扭曲的,明明很瘦依然认为自己很胖。主观上把身体特定部位的某个小问题放大,且对此非常执拗;
2. 极度恐惧自己体重增加,并为此过度忧虑;
3. 自己主动禁食,体重比正常体重明显偏低。

BMI(体重指数)= 体重(kg)除以身高(m)的平方
BMI16—16.99:适度
BMI15—15.99:严重
BMI15 以下:非常严重

(例)体重 45 千克,身高 170 厘米,$45/(1.7)^2$=15.57(严重)

一般得厌食症的人，与家人的关系都存在问题。比如母亲干涉过多，或者与丈夫不和。他们的性格特点是希望得到更多关注，想通过饮食来操控家人的态度。

要解决智媛的厌食症问题，最重要的是让她能够接受精神科医生对她"厌食症"的诊断，所有家人也要协助医生治疗。一味通过饮食来吸引别人的注意，说到底还是想用拒绝进食来表达自己的不满，进而操控别人，因此需要全家人同心协力给予病人关心和爱护。

厌食症不治疗会严重危害健康。有的人会在拒绝进食的厌食症和一次性过度进食的暴食症二者之间反复，在这种情况下，病人很可能催吐，或者自行服用腹泻药物等。因此我奉劝所有人不管是得了厌食症还是暴食症，都尽早去精神科专家那里接受诊治。

◆ **心理咨询之后**

智媛认识到自己的健康是最重要的，不再纠结于丈夫出轨的事，而是全身心地关注自己的健康。和医生进行了心理咨询后，在女儿、父母，还有丈夫的帮助下，智媛认识到自己的病态执拗。这个过程当然不像我说的这么简单，也不可能是一蹴而就的，但随着智媛与家人在一起的时间越来越多，她慢慢找回了自己当年的风采。

目前接受治疗的智媛体重维持在 50 千克左右，过上了正常的生活。微笑又重新回到了她的脸上，她找回了当年的活力。所幸在体重增加后,她的月经也恢复了正常,肝功能和肾功能也处于恢复状态之中。

智媛最近开了一家饰品店,生意很不错,还开了几家连锁店。她不再纠结于食物,而是为饰品的魅力着迷。她觉得自己以后也不会再纠结体重问题了。她终于明白食物无法下咽的根源在心理焦虑上,随着焦虑得到缓解,嗓子里的异物感也随之消失。我期待着她的身心早日恢复健康!

CHAPTER 05

管理敏感的 16 条法则

1. 通过练习管理敏感

本书介绍了很多高敏感人士的案例，既有名人，也有普通人。高敏感的人警觉性比较高，可以感知到一般人所感受不到的，导致大脑格外疲惫。这种情况长期持续下去，就会产生抑郁症、焦虑、失眠等。

敏感的人和不敏感的人在咖啡馆里谈话，敏感的人除了对方所说的话，还会留意到对方的语气、表情、咖啡馆的环境、周围人嘈杂的声音。他们脑海中输入的内容太过庞杂。相反，不敏感的人只会注意对方说话的内容。

据说敏感的人精力消耗比普通人多两倍。假设一般人的精力值是 200，正常人的精力值在这个水平上没有问题，但敏感的人在其他事务上也经常花费太多的心思，他们的精力值就会变成

100，或者50。因为他对别的压力也敏感，工作中的精神压力和家庭内部的压力都会让他异常敏感。

一个敏感的人，如果把自身的精力全部放在工作上，他们能够想到别人所想不到的点子，会产生更多有创意的想法，那么他的工作业绩一定会出类拔萃。

前文我们介绍过史蒂夫·乔布斯、艾萨克·牛顿、温斯顿·丘吉尔、罗伯特·舒曼等这些伟人，其实何止于此，那些广受认可的成功CEO，或者学习成绩优异的学生，他们当中敏感的人也很多。乔布斯开发了苹果手机，牛顿和他的苹果，丘吉尔的"黑狗"，舒曼所作的乐曲，他们找到了将自身敏感性投射于事业并使之升华的方法。

一个人的敏感性如果严重到自己难以控制的局面，那就会让这个人时刻紧张，不喜欢与人交往，或者干脆不想出门。如果是职场人，就几乎没有什么人际关系，只能完成上面交代的工作。如果迫于无奈不得不与人结交，或不得不出门，他们的敏感性就会变得更为严重。

敏感严重的人，每一天的生活都像临考的前一天，或者有什么大事要发生，心情紧张，惴惴不安，睡不着觉，易怒烦躁。这种状态持续下去，整个人的精神健康就会有很大问题，变得对任何事情都提不起兴趣，抑郁焦虑。

敏感度高的人应该学会管理好自己的敏感性。有些人的敏感度高，源自一些无可奈何的原因。比如家里父母都是高敏感人群，有这个遗传基因，或者儿时经历过重大变故、虐待等，留下了严重的心理创伤。这样的人应该好好管理自己的敏感性，使其不越过底线。（图15）

完全与人隔绝，或者闭门不出，这不是解决办法。重要的是管理好自己的敏感性，做到与人交往而不触发敏感。我们不妨学习丘吉尔管理他的"黑狗"的方法，通过练习来管理自己那颗"敏感的心"。

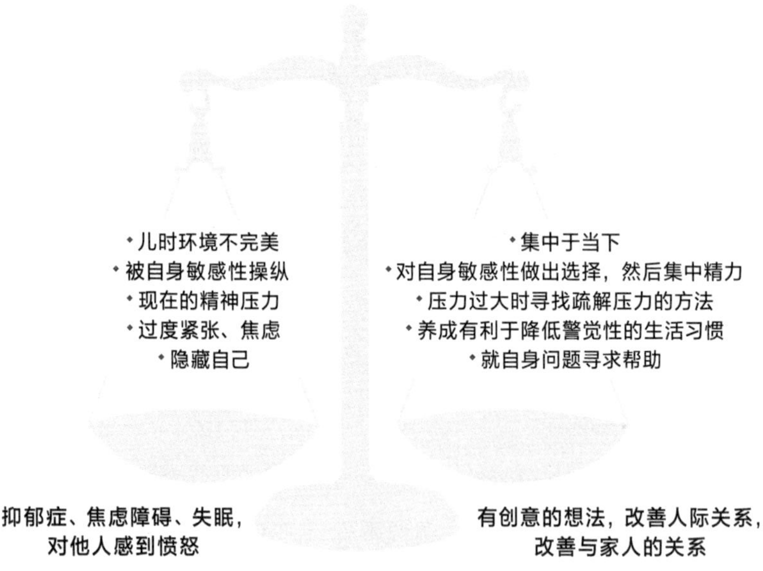

- 儿时环境不完美
- 被自身敏感性操纵
- 现在的精神压力
- 过度紧张、焦虑
- 隐藏自己

抑郁症、焦虑障碍、失眠，
对他人感到愤怒

- 集中于当下
- 对自身敏感性做出选择，然后集中精力
- 压力过大时寻找疏解压力的方法
- 养成有利于降低警觉性的生活习惯
- 就自身问题寻求帮助

有创意的想法，改善人际关系，
改善与家人的关系

图15 敏感的天平

2. 打造良好的表情和语气

敏感的人经常对别人的表情和语气格外留心，但是到了自己身上，却很少考虑自己的表情和语气。心态平和、充满自信的人在表情上也能体现出来，他们说话的语气听起来也轻松、冷静且平和。很多人为了改变自己的外貌去皮肤诊所或者做整形手术，但是真正决定别人对你的印象好坏的，是你的表情和语气，很少有人会注意到这一点。

一个人如果敏感、抑郁，最明显的一个举动就是皱眉。这也被称为"欧米茄纹"，因为皱眉形成的皱纹与希腊字母中的"Ω"形状相似（图16）。眉间有这个形状，说明这个人长期敏感，无意识中经常反复皱眉。这一点平时自己照镜子是发现不了的，但与别人说话时一紧张，或者稍微敏感了，就会出现。

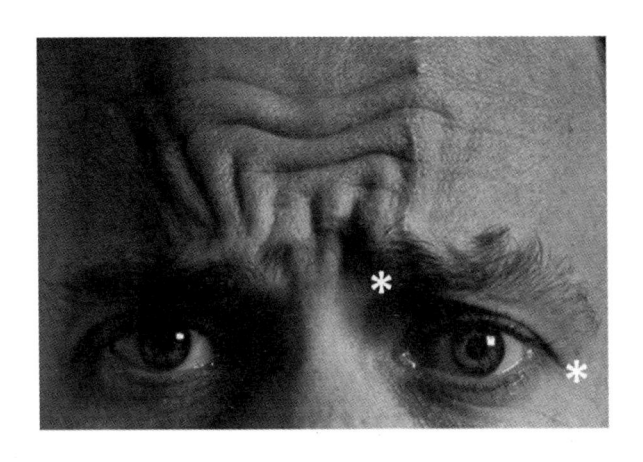

图 16 欧米茄纹 [1]

心态平和稳定的人不会在眉间形成皱纹，但笑容会导致两个眼角产生鱼尾纹，与之对话的人也会看到一张表情丰富的脸，感受到平和的笑容，从而感到舒心。有"欧米伽纹"的人想改变自己的表情，可以做以下练习：用左右手指按压两侧眉毛上方，往耳朵方向提拉，让皱着的眉间舒展开来。这时再照镜子，你的形象会变得更加温和。不过想要舒展眉间的皱纹，重要的不是皮肤管理，而是管理好你自己的心情。

说到表情管理良好的代表性人物，我们不妨看看美食家白钟元和演员金惠子。他们笑的时候展露出温和的表情，给人以平和、安定的印象。我们可以牢牢记住那些表情温和、让人印象良好的人的模样，学习他们管理自己的表情。照着镜子，让嘴角微微上扬，尝试露出一个浅浅的微笑吧。每次遇到别人的时候就这样微笑，长此以往，人们就会改变对你的印象了。再努力做到不要皱眉，那就更好了。

说话时的语气也很重要。那些给人留下好印象的人，说话都是慢条斯理，充分考虑到对方的感受，让别人可以轻松听懂的。我们知道英语说得快不代表说得好，同样的道理，韩语虽然是母语，但也有会说话的人和不会说话的人。会说话的人说话简单平和。因为韩语和其他语言最大的不同就在于有敬语，因此语气格外重要。

遇到比自己年龄小或地位低的人，在你们非常熟悉之前，最好尽量说敬语。对饭店里的服务员或导游这些第一次遇到的人，最好也使用敬语。"大姐""快拿来！"这类语言可能会让对方听起来不舒服，总是这么说话也会让你在不知不觉间惹怒他人，跟你在一起的人也会觉得不舒服，认为你没有教养。

很多人说话喜欢掺杂英语或非常难的术语，这也不是个好习惯。如果对方完全可以理解，另当别论，反之，对方可能会觉得你在故意显摆，以保护自己那可怜的自尊心。越是心态平和、稳定的人，讲话时越能照顾到对方的情绪，说让对方能听懂的话。

在与别人正式谈话之前，最好先检查一下自己是否称赞了对方。看看对方是否做了新的发型，是否穿了新衣服，佩戴了新首饰，见面的地方装修得好不好，饭菜是否可口，咖啡香不香，等等。与别人见面时如果能先说出一些自己的良好感受（微笑也要同步哦），再开始谈话，这样会更加自然。

这时千万要避免死死揪住对方想要隐藏或者不喜欢的东西，或者一味地炫耀自己。那样一开始就把你们的谈话氛围搞砸了，非常不合适。良好的对话应该是一开始有个舒适的暖场，而后逐渐进入正题，这有助于沟通的顺利实现。

与人对话时，直视对方的眼睛很重要。偶尔四目相对感觉别扭的话，不妨给对方一个微笑。跟对方说话时，只有看着对方的眼睛，才能把你的真诚传递给对方。当然了，动作也不能太夸张，比如翻白眼或眼珠乱动，都会给对方增添负担。

可以努力练习一下自己最有把握的表情。表情改变了，想法也会改变，人际关系也会得到改善。语气改变了，也会提升你的修养，让你更富有同情心。敏感的人会更加执拗于别人的表情和语气，受到别人更多的影响，但是却不注重管理自己。因此，不要再纠结于别人的语气和表情，相反，用心反复练习一下自己的语气和表情，努力为自己打造一个温和的形象吧！

3. 摆正头部，会给人舒适感

敏感的人经常不自觉地视线不正，因而总是低头，脸部也总是保持顺时针或逆时针 5—10 度角，或者左右偏 5—10 度角。看手机时，头部就像乌龟一样往前探。正常情况下我们的颈椎可以承受 4—5 公斤的重量，但如果头部往前倾斜 15 度，承重就会变成 12 公斤，倾斜 30 度会变成 20 公斤，倾斜 60 度的话，就要承受 27 公斤的重量了。

人们拍照时会有意把头部摆正，因此只看照片难以发现这个毛病。不妨向家人或自己认识很久的人问问。照镜子的时候仔细端详自己的面部和眼睛，可以发现自己无意识状态下有转头的动作。有些人从小头部位置就不够端正，有斜视之类的先天性眼部疾病，或者颈部肌肉异常，但大部分人并非如此。

对着镜子，把脖子摆正，让头部处于两肩中间，挺直脖子，重要的是让脖子周围的肌肉不要因为头部位置而处于长期紧张状态。不管是看电脑、看手机，还是看书，都要让头部摆在中间，不要让颈椎和脖子周围的肌肉感到负担。如果感觉后颈肌肉有些疼，按压时格外刺痛的话，说明你头部的姿势很可能不正确。

头部位置长时间不端正，不仅是你的颈椎，就连你的腰部也会感到不舒服，很容易腰椎间盘突出。颈部肌肉紧张导致颈部疼痛，头痛也会找上门，从而变成慢性紧张性头痛或偏头痛。为了迁就头部位置，脸部也会变得不对称。眼角、嘴角也变得左右不对称。有些人下颌向一侧倾斜，这其实就是为了迁就面部的不对称，无意识中移动下颌，以保证眼睛在中心线上（图17），从而

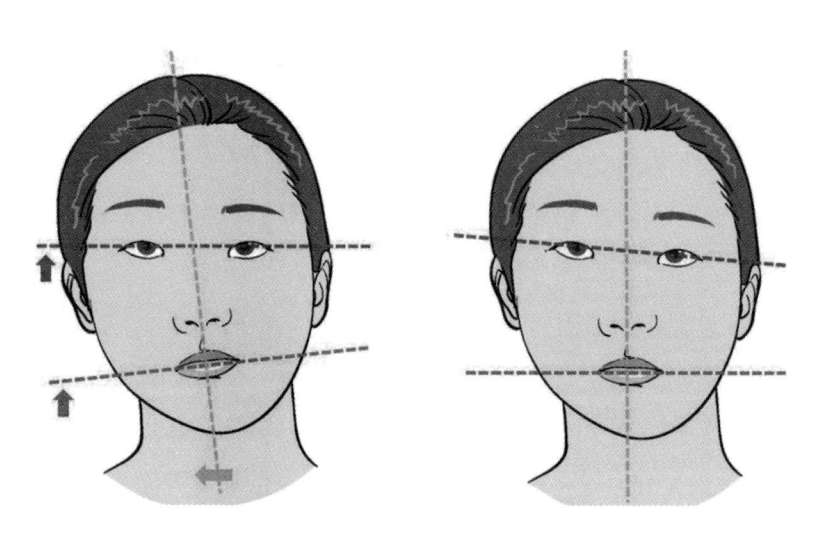

图17 头部位置－下颌不对称导致头部倾斜 [2]

养成歪头的习惯，也就是自己无意识中总是倾斜头部。

敏感的人遇到别人时会紧张，把平时练习过的姿势忘得一干二净，又犯了转头的毛病。这些人需要有意识地练习舒缓身体紧张，视线平视对方，调整头部位置，保持在肩膀中间。头部位置错误经常引发头痛或腰痛，特别是后颈部位的肌肉，为了支撑头部要长时间保持紧张，很容易产生疼痛。

不仅是见人，有时候人一紧张就会出现某些特定的头部动作。最常见的就是开车的时候，因为比一般时候要紧张，头部会有些小动作。有人开车时脖子往前探，或者转头，这样长时间驾驶会感到格外疲劳，导致发生安全问题。

还有些人会摇头晃脑，严重的还有手抖症状。他们紧张的时候，或者喝了咖啡、绿茶、红茶等含有咖啡因的饮料时，抖动会更明显。这些人其实平时举止都没有什么异常。有人因为手抖而怀疑自己是不是得了帕金森症。一般来说，帕金森病人的两只手抖动程度不同，一只手往往更厉害些，与我们这里说的手抖是不一样的，他们拇指与食指的抖动更强烈，就像在数钱似的。敏感的人家人中一般也有人晃头或手抖，这被称为"自发性颤抖"，一般头部神经没有什么问题。他们本就敏感，如果发生自发性颤抖就会感觉更加不适，这个病是可以治好的，只要好好医治就行了。

工作中如果需要长时间看电脑，要注意调节电脑显示器的高度。如果显示器的位置能保证自己的头部在肩膀中间，能有效缓解疲劳。显示器的亮度过高会导致眨眼频繁，或眼球干燥症。为了防止眨眼去倾斜头部又会加重颈部肌肉的负担。

　　与别人谈话时，摆正自己的头部位置会给人以舒适感，对方也会摆正自己的头部位置。看电视时如果留心看演员的头部位置，会发现一个有意思的现象，主持人的头部位置与眼睛视线都很正，而其他出镜者的头部位置则各不相同，一般人转动的幅度较大。而主持人接受过专门训练，知道要随时把头部和身体放正，这就告诉我们也可以向主持人学习，改变自己的体态。从今天起，端正头部位置，付诸行动吧！

4. 照顾一下敏感的肠胃

很多敏感的人一紧张就会出现胃痉挛或腹泻。有些职业是不允许犯丝毫错误的，比如飞行员、司机、媒体人，很多人就因为肠胃敏感吃了很多苦头。他们即使身体出现状况，也不能中断工作，因此平时不得不格外注意。一般人吃点寒凉的食物，或稍有异常的食物都没什么问题，但他们不行，因此他们在外面吃饭时总是很紧张。

我们的肠胃与大脑是紧密相连的，这被称为"脑－肠轴"[3]，大脑与肠胃接收彼此发出的信号，与肠道里的无数微生物建立联系。有敏感、抑郁症、焦虑障碍的人经常会有功能性胃肠疾病，或过敏性肠道综合征。最近有研究表明，自闭症等精神疾病也与肠道有着密切的关系。

人体肠道中的微生物担负着分解进入大肠的食物的重任，细胞因子等免疫物质，皮质醇等精神压力激素，通过刺激脑神经对大脑施加影响。[4]反过来，一颗敏感的大脑发出指令分泌这些物质，影响肠道内微生物所处的环境，进而影响胃肠的蠕动。

最近很多研究表明，调节脑－肠轴不仅可以疏解胃肠压力，还可以使敏感的心得到安定。还有研究证明乳酸菌可以舒缓心情，同时还能治疗过敏性肠道综合征，有望研发出相关治疗药物。

敏感的人在重要的日子到来之前，比如重要的考试、发言、面试等等，最好吃一些自己平时经常吃的"被检验过的食物"。人在紧张状态下，寒凉食物、牛奶、生鱼片等不易被消化，也不利于肠道蠕动。饭后休息一会儿，完全消化之前最好让腹部保持温暖。

敏感的人会长期分泌精神压力激素——皮质醇。皮质醇是一种肾上腺皮质层产生的类固醇激素，外部精神压力是其分泌的诱因。它能提高血压和血糖值，从而让身体释放出最大的能量。皮质醇长期上升，会在内脏所在的腹部堆积大量脂肪，导致腹部肥胖。

内脏周围脂肪堆积过高，拍腹部CT就能发现肠道的横切面不再是圆形，而是受脂肪挤压的扁平状。食物通过肠道时要把扁扁的肠道撑起来，因此通过得就很不顺畅，导致腹泻或者便秘。这样的人腹部肥胖，相形之下四肢很瘦弱，体力不足，导致不爱运动，这更降低了肠道的蠕动次数。

敏感的人要想减少内脏脂肪，降低腹部肥胖，应当坚持做有氧运动。一些保持呼吸通畅的运动，比如慢跑、有氧韵律操、跳绳等运动就很不错。要想燃烧腹部脂肪可不容易，但只要坚持运动就一定有效果。上下班最好搭乘公共交通工具，或者步行，周末也最好保持有规律的运动。

5. 让身体完全休息下来

所谓休息就是让我们的身体和精神得到放松，恢复到平稳状态。这不仅仅意味着不工作，或者待着一动不动，最典型的休息就是睡眠。但是除了睡觉以外，拥有完全休息下来的能力，对于缓解敏感也是非常重要的。

敏感的人待在家里时仿佛是在休息，但其实他在一刻不停地看手机或者上网，在社交媒体上刷信息或者看视频。看着看着眼睛就疲惫了，看了一些毫无用处的文字，或者跑到别人的网页点赞。其实，这些活动比上班更让人疲惫。

即使是想出门旅行，不管是国内还是国外，都要提前做准备、预定，住在不熟悉的地方，这又是另一种精神压力。长时间乘坐飞机，倒时差，都会加重身体的疲劳感。很多时候为了参观某个景点，需要排长队，身体还要适应当地的气候。

什么事情也不做地躺在那里，忧虑就涌上心头。满脑子都是担心丈夫或妻子，担心子女，昨天见到的人，与那个人发生过的事，等等，即使人躺在床上，也不能得到休息。有时会想，如果人体是一部电脑就好了，拔了电源就休息了。因为大脑仿佛总也停不下来似的。

我们的身体感到了压力，会激活交感神经系统，这时血液中就会分泌一种紧张激素——儿茶酚胺（catecholamine）。儿茶酚胺中有多巴胺、肾上腺素以及降肾上腺素。儿茶酚胺分泌出来后，全身肌肉紧张，心跳加快。大脑中的杏仁核被激活，加强应激反应，同时降低记忆力与注意力。

全身肌肉紧张导致血液往身体的心脏部位聚集，心跳加快，因此儿茶酚胺会快速地被传递到全身。这时呼吸可能变得不顺畅，心跳加快以至于可以感受到心脏跳动的声音。这时人就像痴呆了一样，记忆力下降，刚刚听到的内容也记不起来。

此时身体如果能完全休息下来的话，交感神经系统的活力就会降低，副交感神经则被激活，肌肉舒展，脉搏平缓。反之，如果身体得不到休息，一直让交感神经系统保持激活，处于紧张状态，那还是会出现全身肌肉僵硬导致浑身疼痛，血压上升，记忆力下降的。

为了保证身体能够完全休息下来，我们不管采用什么方法休息，都要提前考虑一下我们的状态是否想法简单、肌肉放松、心脏安定、呼吸顺畅。简单说来，与自己熟悉的事务完全无关反而更好。比如家庭主妇最好不要待在家里，公司职员就去做一些与自己的工作完全不一样的事，动动平时不用的大脑，舒展舒展没用过的肌肉。

比方说，一个人如果整天坐在办公室里看文件，那么想要充分休息就不要上网或者打游戏，这二者都不能让你的想法简化，也不能放松你的身体，还不如骑30分钟自行车。对于那些整天坐着工作的人来说，这个方法似乎更有效。

如果时间不充足，只能在短时间内迅速缓解，我建议试试下面的"紧张缓解训练"。对那些总是处于紧张状态，有长期焦虑、失眠、恐慌障碍等问题的人来说会有很大的帮助。所有人都可以通过调整呼吸和放松肌肉来缓解紧张。

我们要经常安抚我们的身体，好让它继续听从我们的指令，按照我们的想法行动。让我们来尝试一次真正意义上的休息吧，让我们的心灵重获宁静。只有心灵得到了安慰，肌肉全部伸展，完全放松自己，那么再次投入学习时，才能更好地发挥我们的实力。

紧张缓解训练
——

首先找到一把舒适的椅子坐下,最好是有靠背、有头部支撑的椅子。坐在上面,闭上眼睛,放松全身。屁股可以适当往前坐,让椅子靠背与身体之间留有空间,胳膊下垂,把身体交给重力。

尝试用下腹部慢慢做腹式呼吸。用下腹部吸进空气,让肚子使劲撑大,往外呼气时就像橡胶管在水里漏气一样,慢慢地用鼻子往外呼气,肚子完全瘪下去后再次用肚子吸入空气。这就是"缓解紧张训练"。一、二、三……大约呼吸三十次左右再睁开眼。

感觉怎么样?是不是比之前感觉更舒服,紧张得到了缓解呢?如果你觉得休息得还不够,说明身体很可能还在用力,应多做几遍舒缓紧张的练习。

6. 给自己找一个安全基地

每当有人过生日，大家都要聚在一起为他点上生日蜡烛，为他唱起生日歌。大家一起唱着："你是为了被爱而来到世间……"庆祝数年前的今天他来到这个世界，以此表示他的存在是多么珍贵，他能够与大家在一起心情是多么愉快。家人们聚在一起庆祝一个人的生日，为他送上生日礼物，这造就了一个人的自尊感。

自尊感也可以称为"自我尊重之感"，指认为自己是珍贵的，是值得被爱的，相信自己一定会有所成就，成为一个有用之人。人生在世，所有人都会经历挫折与失败。可能会挨骂，可能考试不及格，还会经历各种意想不到的问题。这时如果没有足够的自尊感，人就会变得非常敏感，遇到严重的挫折甚至会轻生。很多自尊感较低的人对自己更加苛刻。

自尊感最重要的轮廓是在童年形成的。"安全基地"的形成与"恰到好处的挫折"[5]经历对自尊感的形成非常重要。这两种经历都来源于童年的父母，特别是母亲，其他的监护人也可以起到同样的作用。

    安全基地来自约翰·鲍尔比那个著名的"陌生状况实验"。让一个14个月大的孩子与母亲待在一个房间里，开始时让孩子玩玩具，然后让母亲悄悄离开，孩子则陷入恐慌状态，不再对玩具感兴趣，到处找妈妈并大哭。当母亲再次进入房间安抚哭闹的孩子时，孩子安静后会再次开始摆弄玩具。

    孩子对母亲形成"依恋关系"，母亲对孩子起到"安全基地"的作用。对孩子来说，如果没有安全基地，他也不再有探求世界的好奇心，自尊感低下，陷入敏感状态。即使母亲出现在孩子身边，如果不能充分形成依恋关系，那么也起不到"安全基地"的作用，孩子也很难摆脱自尊感较低的状态。

    我曾经针对韩国7000名医学院的大学生做过研究，调查造成医学院大学生自杀冲动的因素。医学院的学生学业压力比较重，一开始我以为这是主要原因，经实际调查后，却发现他们自杀冲动的主要原因竟是儿时与父母的关系。其中影响最大的是"情感虐待"[6]，指父母的放任不管、不公平对待等给孩子带来情绪上的痛苦的行为。

    "我父母关系很不好，我从小经常看到他们吵架。"
    "父母关心的只是我的成绩，成绩不好就被他们狠狠地骂。"

"上了医学院感觉周围的人学习都好优秀,我就是个垫底儿的。"

"难受的时候我真想马上去死!"

恰到好处的挫折可以帮助孩子克服人生的困难,培养必要的自尊感。我举一个富人家女儿的例子说明一下。有个孩子是家里的独生女,她的家庭非常富裕,爷爷是公司的创始人,对孙女无比疼爱,专门找了一位秘书天天跟着小女孩。百货商场展示的商品,小女孩只要看上一眼,就不问价格地买回家放在她的房间里。时间一久她房间堆放的物品太多,实在没地方可放了,很多商品就连包装都未打开便直接扔掉了。

这个小女孩后来怎么样了呢?爷爷的公司遇到了困难,不能再像从前一样给她买那么多东西,她产生了严重的劣等感和自卑感。此前那么多人喜欢自己,现在却都不见了踪影,她开始纠结自己的外貌,多次做面部整形和全身整形,然后又觉得别人都在盯着自己,搞得连家门都不敢出去,终日待在家里。

我再讲一个年少成名的歌手的故事。当初她一夜成名,所有人的目光都集中到她身上,她的一举一动都成为第二天的新闻,一开始她也很不习惯,但很快就适应了这种生活。但一旦她的人气下降,一些小失误导致网民对她非议不断,她的自尊感就急速下降。她本以为粉丝是她的安全基地,但是粉丝也背叛了她,她经历的不是恰到好处的挫折,而是巨大的挫折,导致她陷入抑郁症的深渊。如果她有一位朋友,不管她是否有人气,都能给予帮助,如果她的关注点不是浮云一般的人气，而是对音乐的热情，那就可能会相对轻松地度过她的人生危机。

成年后也一样。如果配偶及子女能够成为自己的安全基地，那是最好的，但很多时候事与愿违。如果母亲能继续充当自己的安全基地也好，可她们年龄大了，也难以起到这个作用。那么此时从小一起长大的朋友、宗教团体，还有帮自己做心理咨询的主治医生，可以起到这个作用。

好好想想，谁能成为自己的安全基地？头脑中最先浮现的那个人，你最好平时就对他好点儿。维持良好的关系，提升彼此的自尊感。自己的自尊感固然重要，维持对方的自尊感也很重要。如果那个人是你的配偶，要尊重对方，不要做出有损对方自尊的行为。

恰到好处的挫折对打造儿时的自尊感、培养心灵的抗压能力非常重要。越是家风良好的家庭，越不会为孩子包揽一切，而是让孩子经历恰到好处的挫折，帮助他获得成就感。那些从小经历过适当挫折的人，为了克服自身的挫折，更加乐于挑战新鲜事物。当然光有挫折也不行，一件事情做好了，应该得到适当的奖赏，一句称赞和一个拥抱就完全可以了。

成年后也是一样的道理，一个人要时刻做好承受挫折、克服失败的心理准备。万一遇到自己无法承受的巨大挫折，这时就需要安全基地的帮助了。如果父母、朋友、周围的人帮了忙也无法解决，那不要犹豫，立刻寻找专家帮助。

7. 与人交往大而化之

对敏感的人来说,最难的莫过于处理人际关系。因为他们与别人相遇时过于紧张,一些随便说的话,或者一个小小的玩笑都会让他们不适,表情僵硬,浑身直冒冷汗。谈话的对方自然也会感到不舒服。

敏感的人都擅长联想。越是敏感,越倾向于将别人的言行举止与自己扯上关系。因此谈话过程中总是担心自己说错话,对方一旦面露不悦就立刻慌了手脚。

让我们回忆一下与朋友们见面时都说了哪些内容吧。如果是一个月前见的面,也许你能回忆出见面的场所,而谈话的内容恐怕大部分都想不起来了。如果是重要的谈话,那我们会将谈话内容记录下来,否则回忆不起来非常正常。而一年前见的面,哪怕在智能手机日程表里记下来了，能回忆出见面细节也算记忆力相当优秀了。

我们的大脑有一项能力——将不重要的事情遗忘，只将重要的内容作为长期记忆保存下来。只有那些在当时非常令人震惊或曾集中全部精力去做的事情属于后者。大家可能没想到，拥有遗忘事情的能力其实是我们的幸运。这与患了痴呆症，连短期记忆都没有是不同的，自然遗忘掉那些没有必要的记忆，这一点在很多时候是很重要的。

敏感的人总能把别人很容易忘掉的没用的东西，过于长久地记住。我为什么来厨房？我刷牙了吗？我手机放在哪里了？这些记忆是有用的，他们却记不住，正是因为他们没必要的担心太多，导致注意力不够集中，这与痴呆没有关系。

与别人谈话时，最好心里记住：现在所说的内容早晚会被忘掉。不要对别人品头论足或者背后说别人坏话。敏感的人一般不说这些，但他们对这类内容记忆的时间格外长。

比谈话内容更重要的是双方交谈时所传递的情感。再次相遇时，因为对对方的脸已经熟悉了，陌生感会消失，代之以舒适的感觉。这是由于在我们的大脑中，区分人脸的区域与记忆语言的区域是不同的。

敏感的人，与人建立稳定的面对面连接是很有帮助的。用短信建立联系固然不错，但直接见面传递信息更有助于关系的形成。

与人谈话时有一点很重要——不要太在意语气和表情。敏感的人从小就善于察言观色，对方是不是不舒服？是不是生气了？他们时时刻刻都在关注这些，谈话时在这些不重要的地方浪费了太多精力。其实一个人的语气和表情与他平时的性格，还有他当天的身体状态有很大关系，大部分不是因为"你"。很多人以为这是自己的缘故，导致晚上睡不着觉，一直为此事困扰，不管怎么想也找不到答案，因此失眠，继而筋疲力尽，更不愿意出门见人。

我们不要过于在意别人的眼神。把注意力集中在你见的人身上，其他的人如何看待自己最好不要放在心上。我们身边总有这样一些人，对奢侈品包包、皮鞋、衣服格外上心，他们对待别人时往往带有先入为主的观念，他们说的话我们没必要过于留心。

维护人际关系时，最好把注意力集中在谈话本身。那些高敏感的人第一次见陌生人时很痛苦，但如果跟对方发短信，则能很好地表达自己。敏感的人与人见面对话时，如果也能像发短信一样表达自如就好了。其中的关键是聊天时，把对方说的话全部听完再做出反应，再加一个微笑。

给对方打电话、发邮件、发信息，如果对方回复得晚了，不要认为这是对方不在乎或者讨厌自己，要想：他们对我这样，对别人也是一样的，或者他们可能手头有事情，所以回复晚了。越是把自己关联进去就越是敏感。

8. 每天在固定时间起床

让敏感的人非常痛苦的一件事就是入睡困难，即使睡着了也经常醒。去医院做睡眠检测，结果可能是睡眠呼吸暂停综合征或不安腿综合征，但这些都不是他们睡不着的最主要原因。高敏感人群难以入睡的原因在于他们关上灯想睡觉时反而更精神，想起当天发生的事，大脑又清醒了。我们考试前一天通常难以入睡，或者白天如果跟朋友发生了口角，晚上就会没完没了地想起来，导致无法入睡，与此类似。

当然了，不敏感的人有时也会入睡困难，但还是与敏感的人不同，后者是从进入卧室开始，就担心自己会睡不着觉，大脑中把那些有利于入睡的活动都进行了一遍。我就见过有的人晚上数绵羊数了1000只，结果还是睡不着，没办法，只能睁着眼到天亮。

首先让我们了解一下大家都熟悉的有利于入睡的"睡眠卫生"。对于高敏感人群，睡眠卫生管理是很有用的。改正不良的睡眠习惯，养成良好的睡眠习惯就是睡眠卫生。大的原则是入睡前尽量避免接触刺激性事物，努力保证生活规律且稳定。

睡眠卫生的管理[7]

（1）每天固定时间上床，固定时间起床，后者特别重要。早晨醒来后立即起床，起床后晒太阳有利于唤醒身体和大脑。

（2）白天保持有规律的运动。最好在阳光比较好的时候散步30分钟到1小时。就寝之前不要进行激烈的运动，因为运动本身也会成为一种刺激，妨碍正常入睡。

（3）避免饮用咖啡、红茶、绿茶、热巧克力、可乐、滋补品等含有咖啡因的饮料。

（4）白天不要睡觉。因为白天睡了觉，夜间就更不容易入睡。

（5）晚餐不宜吃得过饱。过饱也是一种刺激，使得入睡困难。上床前可以喝一杯热牛奶或吃点奶酪等，也有利于入睡。

（6）晚上7点以后不要吸烟。吸烟会让精神兴奋，不利于入睡。

（7）在床上不要做睡眠以外的其他事情，比如不要在床上看书或看电视。

（8）节制饮酒，因为喝酒会让人睡不踏实，即使睡着也会醒来。

（9）如果躺在床上超过10分钟依然无法入睡，就起床到别的房间去看看书，听听广播，做一些刺激性较小的事，有睡意后再回到床上躺下。

（10）上床时，还有半夜醒来时故意不看表。如果看了表就会担心无法入睡，感到紧张便更难以入睡。因此最好不要在卧室、洗手间、客厅里放表。

高敏感的人想要睡好觉，一定要铭记最重要的是"每天在固定时间起床"。我们的身体在每天早晨醒来后，生物钟就开始发挥作用。周末最好也保持同一时间起床，长期坚持下去，即使没有闹钟也能在同样的时间醒来，一秒都不会差。但是如果起床后再睡觉或者再躺下就没用了。一般来说，早晨6点30分至7点之间醒来最好，根据上班时间的不同，还可以再早一点醒。

起来后就要完全清醒过来。只有早晨完全清醒，晚上才能顺利入睡。很多人一上午都浑浑噩噩，半梦半醒，到了晚上则十分精神，生龙活虎。要想完全清醒，最好的方法就是让"光"射进眼睛。如果时间允许，最好能在上午8点或9点去外面散步30分钟。如果因为上班做不到这一点，步行的同时接受阳光照射，或在家、在公司时坐到窗户旁边也会有所帮助。（图18）

图 18 迎接卧室窗外的阳光

这个时间晒太阳有助于维生素 D 的吸收。但高敏感的人晒太阳的重要原因在于让阳光照射眼睛，有助于清醒大脑，而不在于吸收维生素 D。但是晒太阳可以吸收维生素 D，有利于预防软骨病，也有助于转换心情。

很多人为了让大脑保持清醒会选择喝咖啡，可以一大早就喝上一杯。如果对咖啡因比较敏感，那最好一杯也不要喝，下午尽量别喝含有咖啡因的饮料，喝点大麦茶或玉竹茶都是不错的。

晚上躺在床上如果睡不着觉，不要想当天发生的事或明天要做的事，可以闭上眼睛回忆以前旅游的经历，或者一些让自己愉快的体验，这样比较容易入睡。有人喜欢晚上上网、打游戏，或者看一些比较恐怖的视频，形成刺激对睡眠很不利。

高敏感的人有一个特点，眼球左右来回移动可以疏解紧张、帮助入眠，这叫作眼动脱敏再处理疗法，是 1987 年美国的夏皮罗博士发明的治疗方法。[8] 敏感的人在睡前让眼球左右运动可以帮助入睡。人们在睡眠过程中都会经历快速眼动睡眠时期，这个阶段眼球左右快速移动，多梦。儿童的快速眼动睡眠比较多，睡着了眼球也经常左右移动，这属于正常现象。

我还有一个建议，很多敏感的人都有过这种情况，在晚上观看足球、网球、棒球这种快速移动的视频有利于睡眠，因为眼球跟着画面中出现的球或其他事物快速地左右移动，可以舒缓紧张，从而有利于入睡。视频中的声音最好安静一些，相对于母语，听英语更有利于降低大脑的警觉度。但是要避免看比赛结果扣人心弦的，还有那些让人紧张、害怕的视频，努力养成良好的睡眠习惯。

9. 建立成熟的痛苦防御机制

哈佛大学医学院精神健康系乔治·范伦特（George Vaillant）教授写了一本书，叫《幸福的条件》[9]，对 814 名成年人的一生做了研究。按照这些人的能力与背景，把他们分成三部分作为研究对象：第一部分，哈佛大学法学院毕业生；第二部分，中产阶级出身，智商在 140 以上的女性天才群体；第三部分，大城市中心区域低收入群体里的高中辍学者。

他提出了七条幸福的标准，有利于让身体和精神保持健康。第一条就是要拥有一套"成熟的防御机制"，以应对人生痛苦。其后依次为教育、稳定的婚姻生活、禁烟、禁酒、运动、适中的体重等。106 名哈佛大学毕业生到了 50 岁满足了其中五六项条件，其中一半的人活到了 80 岁，还保持着"幸福且健康"的状态。

只有 7.5% 是"不幸且疾病缠身"的状态。相反，到了 50 岁，如果连三项条件都没满足，没有一个人到了 80 岁依然是"幸福且健康"的。

防御机制是无意识状态下保护自己的一种心理防御作用，守护心灵的安宁，使其远离感情的伤害。每个人都有防御机制，这与他个人的性格有很大关联。[10]

西格蒙德·弗洛伊德的小女儿安娜·弗洛伊德整理父亲的著作，将其理论进一步具体细化，分析人的内心是如何保护自己不受外界各种感情伤害的。[11]当内部或外部发生了某件事，就会打破内心的平静，那种焦虑感会威胁到自身，这时为了缓解焦虑情绪，让内心重拾平静，就会反复利用防御机制。

范伦特教授按照"成熟度"将防御机制分为四个阶段。[12]越是上面的阶段代表越是成熟。一个人可以利用"成熟的防御机制"是他达到幸福且健康状态最重要的因素。美国精神病学会第四版《诊断与统计手册：精神障碍》（DSM-IV）对此进行了部分修订，内容如下：[13]

(1) 自我陶醉防御机制 (Narcissistic defenses)
①否定（Denial）
拒绝承认现实中的痛苦，从最开始就在无意识中认为根本没有这回事。自己无法认识到这一点。

例：在网上购买了昂贵的衣服，接到快递时认为自己并没有购买。

②歪曲（Distortion）

基于自身内部欲望对现实做出修改。自己无法认识到这一点。

例：自己的经济条件明明很困难，但依然把自己打扮成富人，在朋友圈上传奢侈品照片。

③投射（Projection）

将自己做出的决定、令人无法接受的行为的责任转嫁给别人。

例：将自己失败的原因归结到妻子、父母、国家。

(2) 不成熟的防御机制 Immature defenses

①付诸行动（acting out）

为了避免无意间燃起伴有情绪的某种欲望或冲动，用语言或行动表现出来。但是无法说明自己为什么发火，为什么打人。

例：在饭店指责上菜较慢的服务员瞧不起自己，大发雷霆。

②阻断（blocking）

压抑一时之间的想法，抑制期间紧张会加重。

例：想不起来昨晚与配偶发生过口角，只是一看到他/她就生气。

③疾病焦虑障碍（hypochondriasis）

为了回避现在的状况，或为了得到别人的关注，夸张并强调个人病情。

例：担心自己是不是得了癌症。有人关注自己，症状就会减轻。

去医院检查，一切正常。

④内化（introjection）

不做批判，完全接受。

例：对邪教的蛊惑不做任何批判，完全接受。

⑤被动攻击行为（passive-aggressive behavior）

不直接表达对别人的攻击性或不满，但也不好好做事。

例：被母亲训斥，要求快点去学习，但儿子非但不学习，还一味地玩手机。

⑥退行（regression）

通过退回到事态发生前阶段，使现在所处位置或成熟度后退到前一阶段。多发生于恐惧和痛苦较多的人身上。

例：弟弟或妹妹出生后，大一点的孩子表现得好像是退回到幼儿时期，这可以看成是向父母寻求被弟弟或妹妹夺走的关注的表现。

⑦躯体化（somatization）

焦虑、抑郁等情绪问题以某种症状的形式在身体上表现出来。

例：全身疼痛，但是检查结果显示骨头和肌肉都没有问题，如果压力大，则全身疼痛症状更为明显。

(3) 神经性防御机制 (Neurotic defenses)

①控制（controlling）

为了减少自身的焦虑及解决内心的矛盾，过度调整或利用周围的对象或事件。

例：控制自己恋人的私生活，查看对方的手机，监视对方是否与其他异性交往。

②置换（displacement）

向软弱无力或完全不构成威胁的人（事）表现出敌视、暴力等攻击性情绪或行动。

例：与配偶吵架后拿子女出气。

③外化（externalization）

把对自己的欲望、心情、态度、思考的感觉转移到现实世界或外部对象上。

例：自己心情抑郁的时候，感觉路人的脸看起来也很抑郁。

④抑制（inhibition）

有意识地将欲望、思想及感情等压制下去，与压制不同的是"抑制"是有意识的。

例：有人无视自己，虽然很生气，但强行忍住了。

⑤智能化（intellectualization）

将不想体验的强烈感情与现实分离开来，不将危险的情感及冲动诉诸于现实行为，而是努力将其诉诸于娱乐活动。

例：心里十分想把欺负自己的人揍一顿，通过玩战争游戏疏解这种冲动。

⑥孤立（isolation）

为了抑制对那些有价值但没有结果的情绪的浪费而启动的防

御机制。为了从丧失感、失望中保护自己，通过放弃期待与努力来为自己制造盾牌。多出现于从被剥夺的状态中成长起来，或长期经历挫折的人身上。

例：丈夫经常出轨，妻子提起这件事时，只是毫无表情地说"男人都那样"。

⑦合理化（rationalization）

为自己有问题的行为制造一个理由，用人们能够接受的合理且理性的内容做解释。常与自我陶醉防御机制中的否定混合使用。

例：考试之前完全不学习，光顾着玩儿，是为了缓解考前紧张。

⑧解离（dissociation）

从意识中将矛盾分离出去，让自己意识不到情绪的存在。

例：遭受暴力的人忘记了暴力事实，认为没有那回事。

⑨反向形成（reaction formation）

从意识中将无法接受的冲动、感情、想法以相反的方向表现出来。为了防止焦虑，经常被用到。

例：儿媳明明很讨厌婆婆，但还是要经常给婆婆打电话，或听到婆婆的声音才能安下心来。

⑩压抑（repression）

将现实中难以接受的冲动或欲望挤压到无意识中去，让其不再出现在意识的世界里。被压抑的内容往往会在梦、玩笑、口误中出现。自责、羞耻心、自尊心受伤时多使用压抑。

例：记不住自己讨厌的人的名字。

(4) 成熟的防御机制 (Mature defenses)

①利他主义（altruism）

通过帮助他人来获得满足感。不直接满足自己的欲望，而是去帮助他人从而获得代理满足感。

例：自己小时候吃了很多苦，长大后去孤儿院做志愿者，帮助其他处境艰难的孩子。

②预测（anticipation）

提前感受到未来可能存在的不便及矛盾，做出切实的准备。从长远的角度看，这是一种为未来提前做好准备的能力。

例：父母身体不好的人，为了不得与父母一样的疾病，每年定期做体检，注意保持健康。

③禁欲主义（asceticism）

不满足现实中可以体验的欲望与快乐，通过禁欲得到满足的生活态度。

例：有的人酒后犯了很多错，于是决定戒酒，每当想喝酒时就练习冥想。

④幽默（humor）

明明不高兴、心情不好或者想要发火，但是忍住了，开个玩笑就一笔带过了。

例：妻子或丈夫听到对方拿自己与他人做比较，心里非常不舒服，但是没有表现出来，只是一笑而过。

⑤升华（sublimation）

追求被社会所接受或所倡导的目标，而在无意间又满足了自己欲望的行为。

例：有人希望得到所有女性的喜爱，因此从事女士时装设计及销售的工作。

⑥抑制（suppression）

从意识层面缩小并调节自己所感受到的冲动及矛盾。

例：莫名其妙有自杀冲动的人通过运动健身调整了自己的想法，也提高了健康水平。

范伦特所讲的七种幸福的条件中，成熟的防御机制、教育、稳定的婚姻生活、戒烟、戒酒、运动、适中的体重，这些对敏感的人来说都是非常重要的。敏感的人经常是无意识中启动了自我陶醉防御机制、不成熟的防御机制、神经性防御机制来处理人际关系和自己与家人的关系，引发问题，然后又让自己置身于高敏感环境，陷入恶性循环之中。依照范伦特的理论，决定一个人在50岁以后生活质量的最重要因素是其在47岁左右形成的人际关系。也就是说，并非过去发生在我们身上的不幸决定了我们的未来，而是通过现在的努力可以改变未来。

让我们想想自己最常使用的防御机制是哪一项吧。敏感的人喜欢让自己周围的事都按照自己希望的方式进行，采用"控制"的防御机制，不直接面对自己的问题，而是把责任甩给别人，并为其"合理化"。每当焦虑的时候,就会向配偶和孩子发火,采用"置换"方式,不去想自己焦虑的原因,经常"压抑"。还有的人独自生活,不与他人交往,将自己的问题"孤立"起来,并认为所有人都这样。

要想保持安稳、健康的生活,我们需要将我们的防御机制转换为"成熟的防御机制"。我们不可能控制所有的事情,别人的事就顺其自然吧,我们应该做的就是给予他们充分的自主性,以及适当的关怀。同时努力找到自身存在的问题并加以改变,更多的时候扪心自问:自己"生气"的原因是在别人身上,还是在自己身上?多一些宽容,多带点幽默,让自己不与别人正面冲突。与其自己一个人孤独生活,不如与其他人一起做些对社会有用的事。有了想法还要付诸行动,找到管理好自己敏感性的最佳办法。

10. 明确自己喜欢什么，讨厌什么

明确自己喜欢什么、讨厌什么，这对于管理自己的敏感性很有帮助。但是很多事情我们并未做过，想要提前知道自己是否喜欢谈何容易。现代的职业五花八门，异性朋友的性格种类也很繁多，在现实中，我们不可能全都尝试一遍。

吃吃喝喝对谁来说都很简单。用嘴巴品尝味道，让胃获得饱腹感的时候，心情会非常不错。因此有人每当敏感性起作用时，首先想到的就是吃喝。饱腹感虽然可以抵消一部分敏感性，但是有损健康。想一想，除了吃喝以外，还有什么是自己喜欢的呢？

人们在做自己喜欢的事情时，常常会忘记时间的流逝。如果一件事既是自己喜欢的，又能赚钱，还对身体健康有好处，那就太完美了。即使并非如此完美，如果能帮助自己减少敏感性，那

也是不错的。最好有一件事能够代替吃喝，通过做这件事就可以让我们找回身心的安宁，降低我们的敏感性。

比如，找一个合适的时间段打游戏，这对我们是有益处的。游戏能带给人强烈的刺激和成就感，这在日常生活中是极为难得的。如果长时间打游戏，会耗费大量精力和体力，进而影响我们的正常生活。那些有 ADHD 的人之所以在别的事情上散漫，却在游戏上可以集中注意力，就是因为可以获得强烈的刺激，即当时满足感。

如果喜欢读书、看电影或者散步，怎么办？那让我们先来看看在做自己喜欢的事情时，敏感性是否有所降低，心态是否变得平和。如果这两条都满足了，这就是自己喜欢的事情，同时又是抚平内心敏感性的一个好方法。

自己讨厌的事情，如果是学习、运动、考试，该怎么办？明明很讨厌又不得不做，真是难办！这时我们可以找找这些讨厌的事情中，哪些部分是我们喜欢的。就算你无比讨厌学习，也总有那么一两个领域能让你产生兴趣吧？假如你实在讨厌数学，那就尝试着喜欢历史吧。当你敏感时，或体力有所下降时，就去学习历史，等到精力充沛时再去学习数学。

如果你实在讨厌运动，想一想哪一项运动你多少还可以忍受。如果没有一项运动是你喜欢的，那找一个自己喜欢的运动教练或运动团体也不错。想一想，自己是喜欢球类运动，还是喜欢一个人去健身房，抑或是瑜伽这种比较安静的项目？要记住，运动不是义务，要从中感受到乐趣。

如果是考试之前怎么办？不管怎么学习，成绩就是不见提高，或者考试成绩不理想，不管是谁都会产生厌学情绪的。有的学生专门考公务员，考了几次都没考上，导致注意力难以集中，一看到书本就敏感。

有些事明明不喜欢，却不得不做，那么尽量在中间穿插自己喜欢的要素，阻止你的精力被消磨殆尽。如果你已经精疲力竭，那么即使坐在书桌前也是毫无效果的。中间找时间出去散散步，读一些轻松的书籍。不妨找一段时间用自己喜欢的事情来为自己充电。提前定好时间，最好做个计划，按照自己身体的承受能力来调整强弱，这对提高记忆力和集中注意力都有帮助。

11. 多在家人身上投入时间

要想判断一个敏感的人将来的路能否走好，不妨以他家人的情况做个参考。家人中，配偶的作用尤为重要。如果他的配偶有经常刺激其敏感性的倾向，那么这个人的敏感性可能会越来越高。相反，如果配偶倾向于理解、支持他（她），那么情况可能会朝着积极的方向发展。

所有工作只要投入时间，就会慢慢熟悉，进而擅长于此。就像对待工作一样，对待家人也要倾注时间与努力，对方必然会更加理解、帮助自己。

首先要从与配偶相遇开始做准备。当然了，茫茫人海中与某人相遇是不可能做好准备的，但提前有个规划，还是对择偶非常有利的。如果你是非常敏感的人，配偶也是非常敏感的人，那怎么办？如果你的情绪起伏非常大，配偶也毫不逊色，那会产生什么问题？人可能会被与自己性格相似的人吸引，也可能会为与自己性格完全相反的人着迷。

比方说，有些年轻谨慎的女性会被异性的暴力倾向吸引，因为她们认为只有强壮的男人才能保护自己。如果男性出现暴力行为或暴力语言，那么从一开始就应该斩断情缘。恋爱期的暴力最终都会持续到婚姻期间，暴力倾向多半是家族遗传的，非常不容易改掉。酒后打人、酒后骂人等也一样,有了第一次就会越演越烈。

也有一些男性喜欢那些注重外表、情绪起伏较大的女性。这些女性购买奢侈品手袋，然后在个人社交媒体上炫耀，将通过特定角度拍摄的照片传到个人空间，集赞无数，确实很有能力。与这样的女性交往，男性要做好思想准备：自己工资的相当一部分可能都要投资于女友的手袋和皮鞋了。

高敏感的人最理想的对象是状态稳定且心思细腻的人。我完全不推荐与有暴力倾向的人交往。仔细观察对方的态度稳定还是不稳定，他喜欢什么、讨厌什么，也可以通过与他交谈了解到。可以观察他对待家人、同事、宠物狗的态度，推测这个人是否心思细腻。

结婚之后务必要给家庭投入更多的时间。一个良好的家庭有很多必需的要素，父母每天都要陪在孩子身边，或者一起玩耍，或者念书给孩子听。父母与孩子从小形成的依恋关系有助于孩子一生的稳定性格的形成，也可以成为孩子打造稳定人际关系网的后盾。

有些家庭为了让年幼的孩子留学,父母分居,父亲独自留在国内赚钱,如果有这样的计划,父亲就要投入更多的时间。尚未形成充分的依恋关系就把孩子送出国,父亲与孩子的关系很容易断绝。与配偶的关系也一样,有句话叫"身体远了,心也远了"。有良好依恋关系的孩子,每当父母来到身边,他们都非常高兴,而且愿意与父母相处;反之,父母与孩子就会成为陌生人。

有些人是因为配偶或家人的缘故变得敏感的,在找出家人的问题之前,应该扪心自问:你有在家人身上投入时间,付出过努力吗?如果此前为了生计,确实做不到,那我劝你现在投入也不晚。即使时间不长,与家人共同度过,让彼此都安心愉快,也会为所有人都带来更好的结果。

12. 不要被过去记忆中的情感操纵

过去的记忆对敏感的人来说，影响是很大的。但问题是，他们现在的感情会极大地歪曲过去的记忆。

回想一下自己记得最清楚的童年时光吧。比方说，人们看到蛇或者蝙蝠，通常会感到害怕，第一次见到蛇或蝙蝠的小孩反应也是一样的。这可能是从人类祖先遗传下来的恐惧感遗传基因，有助于人类回避危险的事物。

有一点比较少见，那就是有些人儿时的经历会长期停留在无意识当中。有些人说记得自己第一次上幼儿园，与母亲分离，被陌生人带走，感到恐惧而失声痛哭。这种情况本人记得可能不太清楚，但是母亲一般会对当时的情景记得很清楚。很多人成年后，如果丈夫回来得晚，或者孩子回来稍晚一点，就非常害怕，一直打电话打个不停。

还有些事情可能本人记得很清楚，但其他家人记不住了。敏感的人大多属于这一类。由于敏感性的作用，过去的记忆更为翔实，现在的敏感性会对过去的记忆进行修正，让其显得更为极端。有人小时候家里进了贼，把东西偷走了，长大后便总是对门锁不放心，经常检查两三遍，外出时也总怀疑家里进了贼，还要用手机随时查看摄像头。

记忆并非全部是事实，但有的人就坚信自己的记忆是真的。有一位病人跟我说，自己小学时在文具店发现娃娃太漂亮了，偷偷带走，但是被文具店老板发现，还通知了自己的父母。但他父母却说并没有这回事，问了文具店老板，也说没有这回事。老板说偶尔发现有小朋友拿了东西，也是好好劝导，绝对没有通知过家长。后来深入交谈，发现这位病人是将自己喜爱的电视剧情节错认为是发生在自己身上的经历。

由此可见，过去的记忆作为不准确的数据，会被现在的个人感情上色，也会被现在的价值判断所影响。这与电脑硬盘里存储的视频不同。如果记忆中只记得过去配偶曾对不起自己，或者欺负过自己，那么每当与配偶产生嫌隙时，就只会记起并强化那些不好的记忆。

过去的记忆是属于过去的，它有意义，我们应该珍惜，但不能让过去记忆中的情感操纵今天的我们。"现在""这里"永远最重要！

13. 担心未来没有用，活在当下吧

敏感的人对未来充满忧虑。比如他如果今天要开车，就会担心万一出了交通事故怎么办。因为他很担心，就会把安全带系得牢牢的，驾车也格外小心，这其实对自己也是件好事。但如果这个担忧过度了，敏感性增加了，那么发生车祸的风险反而会提高。

未来会如何，没人能知道，这其中存在太多的变数。如果无法摆脱对未来的担忧，目前的焦虑状态可能会成为更大的问题。如果现在感到很焦虑，就应该想想自己当下所处的状况里，是什么引发了这种心理。是担心昨天体检的结果吗？还是担心孩子的学习成绩？这样一来你马上就会想到，正是这些担忧演变成对交通事故的担忧。

对敏感的人来说，非常重要的是要把注意力集中在"现在""这

里"。如果提前一个月担忧,那么忧虑就会持续一个月,提前一年担忧,就会积累一年的忧虑。忧虑死亡,就会永远活在"对死亡的忧虑"之下。

14. 构筑牢固的人际关系网

我是一个国家的公民,是一个家庭的成员,是某人的配偶,是某人的朋友,也可能是个学生。无数人的生活就这样编织成网。根据人际关系网络理论,任何一个人经过几段关系都可以与美国总统相连。在这个密密麻麻的关系网中,我是这个社会的一员。

如果关系网缩小,与其他人的关系也会减少,进而产生被排斥感。关系网越是丰富,在现代社会里越会感觉自己有价值。目前,人们通过脸书、推特、kakaotalk(韩国社交软件)、照片墙等社交工具形成自己的关系网。

自我价值认同较高的人不会对周围人的评价、眼神赋予更多的意义。因此,不要孤立自己,要与周围人构筑网络,进行交流。关系网构筑得较好的人,通常比较注重聆听他人的故事和他们的经验。善于倾听、共情能力高的人会比较善于构筑人际关系。

有些人用自己所拥有的奢侈品服装、皮包、皮鞋和高级车来衡量自己的价值，这样就会陷入无休止的与他人的比较之中，不论投入多少，都不会感到满足。

合理关注自己的外貌没有问题。但如果执着于整形手术，那很可能也是自尊感过低造成的。人们照镜子的时候总是觉得对哪里不满意，这很正常。有些人进而认为别人不喜欢自己是由于自己身体部位不完美，这种思想究其根源，还是出于对自身价值的错误认知。我们最好不要在外在的东西上过于敏感，把精力更多地放在我们的内心世界吧。

在背后说坏话，或者辱骂别人，从而吸引别人的注意，这也不是个好办法。如果你辱骂别人，听到的人就会想，这个人会不会也在背后骂自己，从而提高了对你的警惕心理。你骂人的内容将来还会传到被骂的人的耳朵里，结果就是你在你的关系网里被孤立。

为了构筑良好的关系网，应该首先了解自己喜欢什么样的人，最好与这样的人多往来。多看看别人的优点，最好能多多夸奖别人。

提升配偶的价值感也很有好处。可以夸奖对方所擅长的，多谈一下对方与此前有什么不同，这样可以提升彼此的价值感。比如："你看起来比以前更健康了。""为了孩子你也付出了很多努力啊。""你似乎不像以前那么敏感了。"说这些话意味着你尊重配偶的价值，可以极大地提升对方的价值感。记住！小小的变化可以带来大大的不同。

15. 不要制造敌人

如果你的周围存在讨厌你、攻击你的"敌人",那是一件相当令人疲惫的事。特别是敏感的人,更容易被敌人影响到。这类人疑心又多,怀疑是不是所有人都是自己的敌人,对所有人提高警惕。

总是认为别人对自己有敌意,不断地以自我为中心去怀疑他人,这是偏执狂的表现。疑心一旦出现,便会觉得对方所有的言谈举止都很可疑。敌人一旦多起来,还会偏执地认为所有人都在攻击自己。

要想不制造出敌人,最好不要瞧不起别人,也不要做损害别人的举动。如果与别人产生争执,即使吃亏也尽量退一步。敏感的人最好避免法律诉讼或其他法律行为。短时间看确实吃了亏,但从长远来看,可以为你节约不必要的精力消耗,从而让你能够更集中精力处理其他事情。

如果你不得已，必须要对别人说"不"，那你应该首先想一想如何表达才能让对方更容易接受自己的话。可以尽量选择一些委婉的词汇和语句。如果你的表达过于直接，语气过硬，即使内容温和，也容易让对方感觉受到了攻击，因此一定要温和地说话，这样对方才能听进去你说的内容，才能有所改变。

你不妨尝试以下话语："您的想法如何呢？""辛苦您了。以后也拜托您了。""如果您能够提出很棒的建议，一定对我们的工作有巨大的帮助。"这样温和地说话，既可以充分表达对对方的尊重，有利于维护良好的关系，也可以减少对话过程中的紧张，打造舒适的对话氛围。

16. 把敏锐的感觉转移到无关紧要的地方

如果强化我们大脑中经常被用到的那些神经的连接性，我们就能更迅速地做出反应。视觉障碍人士的视力不好，但手部触觉会非常发达，可以帮助他们阅读盲文。而普通人用手指去触摸盲文，则非常难以分辨。据说高尔夫选手如果无限多地练习，可以想打多远就打多远。

高敏感人群特别注意别人的表情和语气，对此非常敏感。他们越是去分辨那些敏感内容，脑神经的连接性就越是被加强，如果所从事的职业需要你敏感地感知对方的情感，或者需要适应对方的情绪，那么这种特性可能会有所帮助。但对普通人来说，这可能会严重妨碍正常人际关系的建立。

我经常听高敏感的人说自己与别人谈话时经历过呼吸困难。

由于过于关注对方的语气和表情，当对方生气或语气变得生硬时，高敏感的人会更上心，更紧张。随着紧张度的提高，他们往往会觉得吸气有困难，进而产生眩晕的感觉。

和别人进行谈话，不妨把它想成是发短信。短信交流的好处是只关注信息内容，其他的非语言性内容无法传达给对方。同样的内容，如果打电话则会相当有负担感，直接见面交谈更让人难以接受，因为这时你要同时关注对方的声音、表情、语气等各个方面。

高敏感的人最好将其发达的感觉用于其他地方。比如可以集中精力观察一下谈话对方的身体状态。如果谈话过程中，对方的表情不是很好，不要想"他是不是不喜欢跟我说话"，而是去考虑"他今天是不是有什么事，看起来很疲惫"，或者"估计他昨晚喝多了，现在还没酒醒呢"。

我们的大脑，越是经常被用到的地方，连接性就越强，只要努力就一定会看到效果。与别人谈话时，不要过度解读对方的神色，可以采取一种照顾对方的姿态，这有利于减少自身的敏感性。

CHAPTER
06

整理忧虑、
整理人际关系

1. 忧虑可以分为四类

　　敏感的人，忧虑总是特别多。不仅担心自己，也担心家人，每天都沉浸在无尽的忧虑之中。

　　随着网络的发达、智能手机的普及、电视频道的增加，人们比以前更容易获取更多的信息。但是分辨这些信息对自己是否有用却变得越来越困难了。信息的存在本质上是要吸引更多人的注意，因此表现形式越来越刺激、夸张甚至扭曲。因为人们对信息的关注度越高，浏览量越大，其广告收益也会越高。

　　地球另一边所发生的事情，传到韩国是清晨，因此与海外有业务往来，或有家人居住海外的人经常忧心忡忡地等待消息到深夜。现代社会，即使到了晚上也并非全黑，光线的刺激仍在，人们管这叫作夜间人工照明（Artificial light at night, ALAN）。智能手机、电脑屏幕发出的蓝光会刺激大脑，让人在晚上也处于清醒状态。咖啡以及含咖啡因的饮料也让我们时刻保持清醒。

在这种情况下，各种忧虑纠缠在一起，大脑就像一个被乱七八糟的衣服塞满了的衣柜似的。让我们把头脑中的各种忧虑好好整理一下，放进心灵的柜子吧。在整理的过程中，发现哪些忧虑是没有用的，最好直接扔掉。

读者不妨按照下面的方法，制作一个忧虑清单（附录中另外附有试卷，方便读者直接进行测试）。

第一阶段：制作一个忧虑清单

首先按照严重程度将目前的忧虑写下来，然后在四种选项中选择其一，根据严重程度打1—5分（1分：轻微忧虑；2分：有点忧虑；3分：一般；4分：比较忧虑；5分：严重忧虑）。

忧虑程度	忧虑事项	需要立即解决的事	无法避免的事	到时候再担心也行的事	发生可能性较小的事
		1—5分	1—5分	1—5分	1—5分
1	希望子女与新朋友能合得来	3			
2	希望子女高考成功			2	
3	明天要见单位领导，很痛苦		3		
4	明天上班，很痛苦		2		
5	体重增加太多	3			
6	担心得了癌症				3
7	担心贷款利息		2		
8	担心孩子遭遇车祸				3
9	担心家里进贼				4
10	担心煤气爆炸				2
	总分	6	7	2	16
	所有项目总分		31		

- 需要立即解决的事分数较高

这是因为你目前需要同时处理的事情太多。要减少事情，就需要做出选择与集中注意力，如果所有事情都不得不做，那么尽量与家人或其他人进行分工。

- 无法避免的事分数较高

这说明你现在所做的事情很辛苦，也很痛苦。在所有无法避免的事情中，分数最高的那个就是让自己最辛苦、最痛苦的事，先把这件事解决掉吧。

- **到时候再担心也行的事分数较高**

这说明你是提前忧虑的人。到时候情况可能发生变化，还有很大变数。即使现在担忧，到时候也会变的。这样的事情到时候再担心也不迟。

- **发生可能性较小的事分数较高**

该项目分数较高的人是真正的高敏感人群。为了毫无必要的事情浪费自己的精力。建议一年中单独拿出一天，专门用来担心这类事件，并为之寻找对策。最好挑不忙的日子。

- **总分在20分以上**

在忧虑清单上找到最容易清除的一项，尝试着将其解决。例：担心家里被盗——>更换更安全的门锁，然后删除该项。

- **如果需要马上解决，就立刻找到解决办法**

第二阶段：忧虑清单中需要马上解决的事

从第一阶段挑选出需要马上解决的事情，将其写下来，然后在两项中挑选一项，根据严重程度打1—5分。

忧虑程度	忧虑清单中需要马上解决的事	能够独自解决的事 1—5分	需要与别人商量的事 1—5分
1	希望子女与新朋友能合得来		3
2	体重增长过多	2	
	总分	2	3
	所有项目总分	5	

– 需要与别人商量的事分数较高

属于独自过度忧虑的人,如果将自己的担心告诉别人,忧虑则可以减轻。不妨把自己的担心说给家人或朋友听。

– 能够独自解决的事分数较高

这种人在事情还没开始前就一味担心。需要拿出勇气将忧虑转换为实际行动。

第三阶段:忧虑清单中需要马上解决且需要与别人商量的事

将那些需要马上解决且需要与别人商量的事从第二阶段中选出写下来。后面写上需要去商量的人名,根据需要程度打1—5分。商量之后将决定的解决方法写下来。

忧虑程度	忧虑清单中，需要马上解决但又需要与别人商量的事	要商量的人 丈夫 1—5分	要商量的人 子女 1—5分	解决方法
1	希望子女与新朋友能合得来	2	2	与丈夫、子女商量，招待新朋友到家里来玩

– 与要商量的人见面，找出解决方法，记下来，然后按照商量结果执行

第四阶段：忧虑清单中，需要马上解决且自己可以解决的事

将需要马上解决自己又可以解决的事情从第二阶段中选出，写下来。根据事情的紧急程度(不急的打1分,十万火急的打5分)、费用（几乎不需要花钱打1分，需要花很多钱打5分)、时间（几乎不需要花时间打1分，需要花很多时间打5分）分为三类，每项打1—5分。然后写下最佳解决方法。

忧虑程度	忧虑清单中，需要马上解决且自己可以解决的事	紧急程度 1—5分	费用 1—5分	时间 1—5分	解决方法
1	体重增加过多	2	2	3	采用饮食疗法，去健身房

– 从紧急程度较高的事情入手，考虑费用与时间的同时，找到可行的解决方法

将忧虑整理一下，就会发现哪些事是需要马上解决的，重要的是考虑一下这些事情应该朝着哪个方向解决，找到最佳解决方案。解决方案一旦被确定下来，不要犹豫，最好直接执行。确定不下来的事，可能不管用什么办法，都没有太大的区别。那就不要再拖时间，先按照某个方法来，这样反而有利于缩减忧虑的时间。

2. 让自己舒服的人 & 不舒服的人

哈佛大学进行了一项史无前例的长期研究，在75年里，对总共724人的生活进行了跟踪调查，其研究结果《成人发展报告》为我们开启了"幸福人生的秘诀"。他们挑选了268个在1939—1944年间入学哈佛的人，又找了456个在波士顿贫困家庭长大的人进行对比研究，分析两组人的人生。[1] 这项研究在开始的30年里由乔治·威伦特教授负责，现在则由罗伯特·瓦尔丁格教授领衔。

瓦尔丁格教授的研究结果显示，良好的人际关系可以让我们更健康、更幸福。维护人际关系是有益的，孤独是有害的。也就是说，那些与家人、朋友、邻居等社会联系越是密切的人，越是幸福，身体也更健康，更长寿。[2] 人际关系的质量比什么都重要，如果能够形成稳定、亲密的人际关系，不仅有利于我们的身体，还能保护我们的大脑，记忆力更清晰、更长久。

要想建立亲密的人际关系，我们要努力维持好自己周边的人际关系，使其保持在一个良好的状态。敏感的性格可能会妨碍到良好人际关系的建立。如果有一些人让你感到痛苦、疲惫，却不得不继续与之见面，那你很难不变得敏感。相反，如果你的周围大多是些让你很舒服的人，那你就会非常享受人际关系。

首先，我们来想想哪些是让我们不舒服的人。他们可能是配偶、子女、原生家庭、朋友中的一个人，也可能是上司或同事。再想想他们让我们感到不舒服的原因。他们讲话的内容、语气、表情、装腔作势的态度等等，是哪些因素让我们不舒服呢？

思考让我们不舒服的事确实会增加我们的精神压力，但是也可以帮我们找到敏感性的来源。仔细想一想，哪些人让我们舒服，哪些人让我们不舒服，就可以找到自身敏感性有哪些特征，帮助自己理清头绪。

第一阶段：让自己不舒服的人及不舒服的理由

按照自己不舒服的程度，依次将人名写下来。再回忆他们让自己不舒服的理由。按照讲话内容、语气、表情、装腔作势分为四类，分别打分，根据自己不舒服的程度打 1—5 分。

不舒服程度	让自己不舒服的人	不舒服的理由			
		讲话内容 1—5分	语气 1—5分	表情 1—5分	装腔作势 1—5分
1	金美子	2	3	5	2
2	朴美然	2	4	4	1
3	李正民	1	3	3	2
4	金正秀	2	4	4	1
5	金太英	2	3	4	2
6	郑英子	2	1	3	2
7	金敏正	2	3	2	1
8					
9					
10					
	总分	13	21	25	11
	所有项目总分	70			

– 写完让自己不舒服的人及其理由后,接下来我们想一想让自己舒服的人

第二阶段:让自己舒服的人及舒服的理由

按照自己的舒服程度,依次将人名写下来。再回忆他们让自己舒服的理由。按照讲话内容、语气、表情、谦虚分为四类,分别打分,根据自己舒服的程度打1—5分。

舒服程度	让自己舒服的人	舒服的理由			
		讲话内容 1—5分	语气 1—5分	表情 1—5分	谦虚 1—5分
1	李英淑	2	5	5	3
2	金敏子	1	4	3	2
3	全善熙	4	3	2	2
4					
5					
6					
7					
8					
9					
10					
	总分	7	12	10	7
	所有项目总分	36			

- 如果没有让我舒服的人，也没有让我不舒服的人

属于与他们感情交流较少的一类人。因为性格敏感，你可能更喜欢独处。年轻时没有大的问题，但上了年纪后容易感到孤独。

- 如果不舒服的人比舒服的人多

你在人际关系上消耗的精力比较多。想一想有什么办法可以增加舒服的人数。

- 如果舒服的人比不舒服的人多

大多数人属于这一类。即使见到了让自己不舒服的人，过一会儿再见到让自己舒服的人，内心就会放松。最好经常与舒服的人见面。

- 不舒服的理由中，如果语气与表情的分数高

有些人与别人谈话时，关注的不是谈话内容，而是对方的语气及表情。性格敏感的人经常这样。每个人谈话过程中所表现出的语气及表情与他当天的状态有很大关系，最好不要认为是因为自己。

- 不舒服的理由中，如果装腔作势的分数高

有些人喜欢说自己的强项，从而吸引他人的关注。这样的人带给任何人的感受都差不多。如果实在不舒服，就不要见面，当然也可以适当地接受。

- 不舒服的理由中，如果是讲话内容分数高

如果是对方讲话的内容让你不舒服，那就需要进一步做理性的分析。最好找一个让彼此舒服的环境，讨论一下谈话内容。如果对方是上司、长辈，你不好开口，那么情况可能难以改变。如果与对方不是经常见面，那就不用将对方的话放在心里，避免让自己承受过大的精神压力。

- 舒服的理由中，如果语气与表情的分数高

那说明你可能是与他人谈话时经常察言观色的一类人。也就是说，如果哪一天对方的表现与此前不同，变得语气生硬、表情暗淡，那你可能就会很受伤、很敏感。请记住，谈话时对方的语气和表情与他当日的状态有关，最好不要认为与自己有什么关系。

- 舒服的理由中，如果谦虚的分数高

谦虚的人让人舒服，但难以与其进行开诚布公的沟通。与其谈话时，最好找一个舒适的环境。

- 舒服的理由中，如果讲话的内容分数高

这是最佳情况。听了对方的内容，感觉舒适，心情变好，敏感的心灵得到放松。与别人见面时尽量聊一些让对方舒适的话题，最好避免谈及政治、子女成绩等敏感话题。

分析哪些人最让自己舒服，哪些人最让自己不舒服，有助于我们弄明白自己是哪种类型的人。人际关系就是一面镜子。大部分人都是与自己性格相似的人在一起时感觉舒适，与性格相反的人在一起时感到不舒服。

敏感的人通常感觉不舒服的原因是对方的语言、行为太过直接，包含太多的情绪。敏感的人更关注对方的行为举止，并为其赋予特殊意义，容易受到较大的刺激。如果对方的表情和语气强

硬，就会觉得对方讲话内容也强硬。

如果周围的人就是这种直来直去、情绪化的类型，又不得不与其见面，我的建议是将双方的谈话想象成用手机发短信的交流方式，只关注内容即可。如果过于关注对方的表情、语气，有可能会错过对方的讲话内容，以至于产生误会。如果公司里的上级就是这样的人，你没听清对方的讲话内容时，一定要再次确认。随身携带笔记本，及时记录对方的讲话内容，会有很大的帮助。

敏感的人通常排斥令自己不舒服的人，因此人际关系范围比较狭小。但随着年龄的增长，孤立自己会让人抑郁、焦虑。如果有人让你舒适，与其聊天都忘记了时间的流逝，就要多与这些人见面。这种见面能够防止我们的身体由于太过敏感而出现异常状况。

CHAPTER
07

多余的精力，
要用对地方

1. 敏感大多源于多余的精力

以前的人们考试成绩不理想，回家挨打然后继续学习，这很普通。现代的人不再挨打了，但挨骂的程度并没有减轻，变成回家挨骂然后继续学习了。这就是我们常说的"斯巴达式训练法"。据说历史上斯巴达人所有的教育都是在国家的监管下进行的，男孩到了7岁就要离开家庭，前往国家运营的公共教育机构接受监督，进行严格的训练。

用斯巴达式训练法来学习，记忆会比较深刻。因为记忆是与痛苦相关联的，我们的大脑通过杏仁核来强化记忆。但每次回忆的时候，不知不觉中敏感的精力就会增加，慢慢就会堆积起来。比如说，每次做数学题的时候都打分，错一道题就挨一顿打，这种教育方式可以有效地保证做简单题目时不出错。但如果是做此前从未接触过的题目，遇到了困难，紧张和焦虑就会加剧，变得更加不会做了。

敏感性与自身的精力有密切联系。高敏感的人消耗的精力超出正常范围。在日常生活的变化及精神压力上所消耗的精力也比其他人高很多。为了更好地管理我们自身的敏感性，就要减少生活中的精神压力，把精力维持在一个适当的范围内，这一点很重要。让我们好好思考一下该如何管理敏感性吧。

2. 从精神压力到生病

敏感的人大多把自身的精力用在别人不注意的地方。如果本来是精力旺盛的人，问题还不大，但如果精力水平与普通人差不多，又过度地分散使用，那就很容易精力不足。

无论是工作、学习，还是家庭生活，都要调整好自己的敏感性，朝着对自己有利的方向做选择并集中精力，这非常重要。让我们来评估一下自己生活中的压力值吧。有压力的时候，精力就会被消耗在那里，得了抑郁症，所有精力都会减退。

"霍姆斯 - 黎黑压力量表"最广为人知。如果有压力，那么自身的精力会被迅速消耗殆尽。就像一部手机里装载了太多的 App，即使充满电也会很快没电。如果一个人同时承受多种压力，那么精力消耗的速度会更快。读者可以参考下面的标准计算一下自己的分数。

霍姆斯－黎黑压力量表

该表格是通过对压力值的评估，考察精神压力发展成疾病的可能性的一套测试表。该测试是为人的一生中所经历的重要事件所承受的精神压力打分，以自己过去一年的生活状况为对象，计算所承受的压力分数，从而得到一个压力值。

- 配偶去世　100
- 离婚　73
- 夫妻不和、分居　65
- 被关押　64
- 家人去世　63
- 身体伤害，疾病　53
- 结婚　50
- 被解雇　47
- 再婚　45
- （隐退）退休　45
- 家人出现健康问题　44
- 怀孕　40
- 性问题　39
- 家里增加新人　39
- 重新调整工作　39
- 财务状况发生变化　38
- 好友去世　37
- 离职　36
- 与配偶的争吵增多　35

- 大额贷款　32
- 担保、抵押　30
- 工作岗位变动　29
- 子女离开家庭　29
- 与婆家的矛盾　29
- 个人的特殊爱好　28
- 工作不顺利　26
- 生活环境发生变化　25
- 改善生活习惯　24
- 与上司的矛盾　23
- 搬家　20
- 工作时间、工作环境发生变化　20
- 转学　20
- 爱好发生变化　19
- 宗教活动发生变化　19
- 社会活动发生变化　19
- 大额贷款　17
- 睡眠习惯发生变化　16
- 家人聚会次数发生变化　15
- 饮食习惯发生变化　15
- 休假　13
- 主要节日　12
- 轻微违法　11

合计分

* 分数

150分以下：表示生活变化相对较小，压力导致出现健康问题的可能性较低。

150—299分：今后两年内，出现重大健康问题的可能性为50%。

300分以上：今后两年内，出现重大健康问题的可能性为80%。

敏感的人，他们的精神压力是正常人的两倍、三倍以上，精力消耗的速度也更快一些。敏感的人在生活中遇到困难，就会更紧张、更焦虑，还会提前焦虑，担心这样的状况以后是不是还会发生。但我们不难发现，生活中最大的困难就是配偶去世，此外离婚、夫妻不和等也都与配偶有关。所以配偶的稳定、平安，对高敏感的人是非常重要的。

抑郁症可以从整体上消耗一个人的精力。高敏感的人如果患上了抑郁症，就会变得非常焦虑不安。对任何事情都异常担心，始终保持较高的警觉性，不易入睡。对配偶疑心重重，甚至将自己抑郁的原因都归结到配偶身上。人一旦抑郁了，就要尽可能减少生活中的精神压力。搬家、跳槽、与配偶发生口角，这些带来压力的事情越少，越有利于战胜抑郁症。

敏感的人应该在自己的精力被消耗殆尽之前为自己充电。如果等电量耗尽再充，需要的时间就会更长。因此要多做一些可以积蓄精力的事情，减少精神压力，减少与配偶的矛盾，而减少矛盾的核心在于放下对对方的怀疑，重建信任。

3. 精力有限,高效使用

有些人比起同龄人,精力下降得更快些。那么如果想积蓄精力,该怎么做呢?首先我们要确认一下自己属于精力较低的人,还是属于精力起伏较大的人,抑或是精力非常充沛的人。

1. 精力较低的人

有些人的精力常年保持在一个较低的水平,医学上称其为精神抑郁。他们从外表看上去像乌龟似的,干什么都慢吞吞的,反应也比别人慢半拍,其实他们的内心敏感,充满忧虑,想法也很多。

这样的人要避免考虑复杂的事情,减少大脑运转所消耗的精力。比如,今天中午是吃牛尾汤,还是炸酱面,在这种选择上太过纠结就会消耗过多的精力。其实不管选择哪一个，都没有太大的区别。

如果遇上比较重要的选择，需要的精力是非常可观的。比如，有人介绍了男朋友，对方是怎样的人，应该穿什么去见面，见面该说什么话，想来想去最终很可能就完全放弃了。如果一个人在所有事情上都消耗过多的精力，那么他能够做的事就极为有限，继而只能做此前一直在做的事，成为一个一成不变的人。

对于精力较低的人，我的建议是日常生活中尽可能减少在"选择"上所消耗的精力。每天我们都要面临无数的选择，如果在每一个选择上消耗的精力都比别人多20%，那很快就会筋疲力尽的。为了补充精力，他们往往购买各种保健品、营养品等对身体有益的东西，但在选择商品上又耗费大量精力，总体而言，吃了也没什么效果。营养保健品针对的主要是无法正常进食，或罹患慢性疾病的人。

精力较低的人一般上午的时间比较难熬。早晨总是睡不醒，行动迟缓，身体的警觉性迟缓。那么不妨尝试早起30分钟。上午8点到9点晒太阳可以提升精力。就像利用太阳能发电一样，光线通过眼睛进入人体可以带来新的活力，这效果比营养品好多了。

如果是上班的人，拿出30分钟散散步也是很好的，周末也一样，最好能够早起散步。如果出门不便，或者工作业务较多，那么早晨坐在窗边晒太阳也是个不错的选择。这并非因为阳光促进了维生素D的合成，而是因为光射入眼睛有利于身体觉醒。因此晒太阳时把面部和皮肤遮住也是可以的。

还有一个好办法，就是养成说话时直视对方眼睛的习惯。敏感的人有一件事很不擅长，那就是直视别人的眼睛。他们看到对方的眼睛就不自觉地羞涩，觉得对方在打量自己。有些人一开始还能直视，过一会儿就往地上看，或者往周围看，不知如何是好，根本无法集中精力和对方谈话。

这种无法直视眼睛的行为经常会被隐藏得很深很久。我问过一些病人的母亲，据说打小就这样。每当你觉得直视对方时眼睛有负担感、不舒服的时候，不妨微笑一下。只需一个简单的表情就可以减少你的思想负担。有些人觉得直视有负担，就一直向上看，这是最不好的情况。如果你的眼睛露出的眼白过多，就会让对方感觉很有负担。

直视对方的眼睛、微笑着谈话，还可以了解对方的口型，让你不错过对方的讲话内容。微笑是一种情感交流，将发生误会、怀疑的可能性降到最低。不妨回家与配偶试一试，微笑着直视对方的眼睛说话，一定会减少彼此的敏感情绪。

2. 精力旺盛的人

一直精力旺盛的人，称为性情亢奋（hyperthymictemperament）的人。与精神抑郁者相比，这一类人说话快，行动也快。但在敏感、多忧思这一点上，二者是一样的。

这一类人由于精力过于旺盛，经常制造事端，严重的可达到"狂躁症"（mania）的地步。即使没到狂躁症的程度，也总是散发着无穷无尽的旺盛精力，一般组织里的领导、CEO基本都属于此类。

精力旺盛的人一般性格都强势。干什么事必须要贯彻自己的意志，别人说什么都不听。因为语速过快，一旦别人听不懂自己所说的，就感到无比郁闷。自己的想法已经跳跃到了下一个阶段，可是周围人还没有理解，更没有人认可，这让精力旺盛的人倍感痛苦。

这一类人头脑转得飞快，让他们给自己的想法安个刹车装置，然后听取别人的想法，反而是一件费神的事。这样的人应该做好心理准备，不要觉得认可别人的想法就会伤害自己的自尊心，要接受自己也可能会出错这个事实。

与别人发生意见冲突容易伤害感情，持续下去还会产生矛盾。一开始可能只是鸡毛蒜皮的小事，慢慢演化成吵架，严重的达到诉讼、法律纠纷的程度，这些事消耗的精力是惊人的。

对于常年精力旺盛的人来说，我首先推荐的方法就是在日常生活中减少用在"矛盾"上的精力。与越多的人在感情上、金钱上产生问题，就会消耗越多的精力，最后只提升了"愤怒精力值"。

精力旺盛的人一般夜里比较难熬。他们经常因为精力仍然处于亢奋状态，而难以入睡。就算上了床，也是看手机、聊天。看手机、聊天等活动最好在客厅进行，进入卧室后最好安静入睡。充分的睡眠是充足精力的保证，也有利于降低愤怒值。

运动也是有帮助的。旺盛的精力通过运动得以消减，这可以减少"冒险行为"。"冒险行为"有赌博、不理智的投资、过度娱乐、不正常的异性关系、盲目的创业等等。这些问题会给家庭和个人财产带来沉重打击。

很多在社会上取得一定成绩的成功人士都属于精力旺盛这一类。他们清楚自己的精力,并为之找到了一个良好的出口。他们通过高尔夫、网球、读书、游泳等发散精力,保证自己不去做荒唐的事,特别是不会用到异性关系上。如果精力没有控制好,很可能最终会发展成性精力。

还有一点也比较重要,说话的时候不要瞪眼睛。与别人说话时,瞪眼睛或者语气强硬会给对方增加负担。喝了酒会更加严重,弄不好会引发"职场内欺凌"一类的问题。说话时温柔地看着对方,保持微笑,要留出充足的时间听取对方所说的内容。有时你的想法跳跃过大,对方说着这个,你却在想别的事,这也是误解与矛盾产生的一大根源。

这一类人很可能与配偶发生激烈冲突。由于精力较一般人旺盛,语气也更为强硬,与别人在一起时,他人也要相应地消耗更多的精力,甚至有可能发展为肢体冲突。我认为有必要与配偶练习一下,微笑着直视对方的眼睛谈话,过程中尽可能让精力保持稳定。

3. 精力突然下滑的人

有的人曾突然之间精力下滑,非常疲惫,什么也做不了。这就是抑郁症。精神压力会导致人的精力下降，但有时没有任何理由，人的精力也会突然下降。

有一些棒球运动员长时间保持着优秀的打击率，突然几个月间水平变得非常糟糕。运动员在运动生涯中，可能在一段较长时期内无法发挥正常水平，处于低潮状态。这种低潮状态与抑郁症相似。

患上抑郁症也会出现精力下降的情况，最好在患病初期就进行严格管理。心情低落，精力下降的初期，敏感的人会变得更为敏感，从而陷入恶性循环之中。看起来好像是配偶、朋友带来的压力导致患上抑郁症，事实上大多数是抑郁症早就来了。

人一旦变得敏感，周围人说的话听起来就更加刺耳，也更容易产生疑心。晚上上床之后辗转反侧，还在回味别人的话和表情到底是什么意思。这种想法一环套着一环，层层加码，比事件本身放大了不知多少倍。这些想法让人更加无法入睡，一气之下从床上坐起来，去看电视或者喝水，最终凌晨才能睡着，早晨起床后依然疲惫不堪，精力自然也就衰退了。

比如，配偶打来电话说"今天事情太多，我要晚点回家"。正常情况下只需回答"好，完事再回来吧"。但如果是精力下降、敏感的人则会怀疑："我这么累，他为什么不早点回来？他真的是在忙工作吗？"放下电话可能还会想，对方不像过去那么体贴了，一定是变心了。

一个人如果经历过几次抑郁症，就会知道自己是容易得抑郁症的体质。但第一次的时候肯定不知道自己得了抑郁症，会认为原因在别人身上，因此管理好自己非常重要。

一旦精力下降，人开始变得抑郁，就要谨慎地使用自己的精力，力求平稳度过这一段时期。要减少与配偶或其他人之间的矛盾，多出门散步，去健身房锻炼，提高运动量，保证充足的睡眠。有些人在一年中特定的时间里心情低落，这叫季节性情绪失调（seasonal affective disorder）。这种模式非常常见，特别是家人之间经常会出现类似的反应。

精力经常变化的人，当精力下降或者精力上升时要特别注意。敏感严重的话，甚至会产生轻生的想法。如果这种想法迟迟不走，不要自责，不要埋怨自己，检查一下自己是不是变得比以前更为敏感了。

有些人很好地克服了自己的精力问题，他们多半在初期就找到了自己独特的办法去管理好自己低下的精力。通过精神科的诊断与心理咨询获取帮助是非常重要的，对自身的问题有良好的认知、寻求帮助这种态度也发挥了很大的积极作用。

4. 一天之内精力变化大的人

有些人精力突然下降，然后又有所好转，一天之内可能反复好几遍。他们属于情绪起伏较大的人，他们比前面所述的三种人都更为敏感。他们的情绪就像坐过山车似的，忽高忽低，难以琢磨。不仅是精力，睡眠、饮食、心情都跟着不稳定，出现较大混乱。忽而暴饮暴食，忽而拒绝进食，整宿整宿地熬夜，然后一觉睡到中午才起床。几乎不出门，经常在深夜一个人饮酒。

他们这个状况其实不是一天两天了。很多人从中学开始就出现精力变化。由于性格敏感，与别人的关系一般不怎么好，经常是一个人独来独往。也有很多人，由于性格敏感、细腻，在文学、音乐、美术、设计、电影等领域发挥了自己的特长。当然要想让自己的才能充分展现出来，必须稳定自己的精力。打个比方，就像一个本来挺高级的音响，配的电压却不稳，长期下去，这个音响十有八九也会坏掉。

要想稳定我们的精力，可以像上学时一样画一个饼状图，将每天要做的事装进去。早晨起床的时间最好定为6点30分或7点，保持在固定的时间起床是维持精力稳定的最核心要素。这是启动我们身体节奏的开始。

起床后再躺回床上则毫无用处。打开房间的窗帘，晒一会儿照射进来的阳光，就会感觉身体彻底清醒了，心情也安定下来了。之后洗个澡、美美地吃顿早饭。

吃早饭十分重要，吃的量要充分。只有早饭吃得好，晚上才不会因为食欲激增而养成暴饮暴食的习惯。晚上吃得多，第二天又会起得晚，陷入恶性循环，再次错过上午的进餐。

吃过早餐一般会犯困，但这时最好走出家门，让自己完全清醒。如果要上班，上午一边听收音机一边上班也不错，让整个人完全清醒，心情也会变好的。

白天尽可能不要睡觉，咖啡或者含有咖啡因的饮料过了中午最好也不要饮用。敏感的人经常因为下午喝的一杯咖啡，导致晚上无法入睡。因为咖啡因的效果可以持续很长时间。

当情绪出现变化时，要意识到自己这是开启了"敏感模式"。很多人就有生理期前症候群。心里要明白自己是容易敏感的人，如果生气了、不耐烦了，自己安慰自己：是我敏感了，才会这样。

晚上也要在固定时间睡觉。过了11点最好不要看手机、电视、钟表。如果能保持早晨在固定时间起床，慢慢地晚上睡觉的时间也会固定在一个较早的时间。即使睡觉中途醒了，也最好不要看手机、电视和钟表。上一趟厕所，回来继续躺下睡觉。闭上眼睛，不妨在脑海中回忆一下以前外出旅行的美丽景色，想一想当时看到的树木、建筑等等。

如果总想着当天所做的事、第二天要做的事，或者回忆某人，就会让人清醒，难以入睡。那些没有特殊情感色彩的、中性的回忆才会减少我们的清醒度，帮助我们顺利入眠。即使晚上睡得晚，也不要担心，早晨还是要在同样的时间起床。

希望每个人都能照顾好自己的身体，成功的话精力变化就会小很多。做一个生活计划表，贴在床头，按照计划表来执行。那样不知不觉就会从"敏感模式"转化成"稳定模式"。这样一来，就能够减少敏感所带来的不必要的精力消耗，更大限度地发挥出你个人的能力！

后记

"高敏感人群"不是什么特殊群体,而是我们周围随处可见的一类人,可能是你的配偶或家人,也可能是你的同事或朋友。如果对他们不够了解,很容易产生矛盾和误解。敏感的人如果能好好控制、调节自己的敏感性,便可以将自身这一特性应用于对自己有利的领域内。

敏感的人所看到的世界,与不那么敏感的人所看到的世界是不同的。他们就像一部配备高性能照相机、麦克风,系统设置非常复杂的电脑,他们能看见别人看不到的,听见别人听不到的,想到别人想不到的,处处留心,事事在意,自然而然大脑就超负荷了。

如果你的配偶、朋友是一个"高敏感的人",最好不要跟他们生气，更不要冲着他们大喊大叫。他们的敏感性不仅不会因此而改变，反而会变得更加敏感。你需要的是忍耐，用一颗温暖的心去帮助他们，这样反而能减少他们的敏感性。

最重要的是，敏感的人自己要努力。要认清自己比较敏感的事实，进而努力去降低自己的敏感性。要知道，正是因为自己的眼睛、耳朵还有大脑太过敏感，你才对世间所有事格外敏感，从现在开始，好好调整自己的敏感精力，尝试着改变自己，去帮助别人吧！

附录

1. 抑郁症检测

　　敏感的人容易得抑郁症。得了抑郁症,平时很容易办到的事也会变得困难重重。现在请大家参照下面这个应用最广的抑郁症筛查量表,对自己的情况做个评估吧。

抑郁症筛查量表(PHQ-9)
　　本表格为自行检测抑郁程度而制。在过去的两周内,经历了多少次下表所述的困难?在过去的两周,一天之内有过多少次下表所述的想法?请在相应的数字旁做标记。

过去两周内	0—1天	2—6天	7天以上	几乎每天
1. 感觉情绪低落，抑郁，没有希望	0	1	2	3
2. 对每天做的事丧失兴趣，无法找到快乐	0	1	2	3
3. 入睡困难，睡不安稳，或者睡眠过多	0	1	2	3
4. 食欲减退/食欲大增	0	1	2	3
5. 别人可以察觉出你的言行举止变得迟缓/坐立不安，无法长时间坐着	0	1	2	3
6. 疲惫不堪，没有力气	0	1	2	3
7. 觉得自己做错了事，自己很失败/认为自己辜负了自己，辜负了家人	0	1	2	3
8. 在看报纸、看电视这种日常行为上也无法集中注意力	0	1	2	3
9. 认为死了更好/有了自残的想法	0	1	2	3
总分				

10. 如果认为自己有问题，该问题对自己的工作、家庭、与他人相处是否造成了影响？

完全没有影响/有一些影响/受到很大影响/受到极大影响

PHQ-9筛查量表是目前广为使用的检测自己是否得了抑郁症的检测工具之一，1999年由施皮策等人制成，由洪振彪等人翻译成韩语并制成标准化表格。

第10题就是把所有分数加在一起，检测一下自己的生活到底受到多大的影响。只需求出1—9题的总分即可。

评分标准

分数	类别	说明提示
0—4 分	正常	无须特别留意
5—9 分	轻微抑郁	有轻微抑郁感,但不足以影响日常生活。这样的状态持续下去可能降低个人身体上、心理上的应对能力。出现了这种情况应尽快去专业机构咨询
10—19 分	中度抑郁	有中度抑郁感。这种程度的抑郁感会降低个人在身体上、心理上的应对能力,也会对个人的正常生活造成一定困扰。出现这种情况应尽快去专业机构咨询,寻求更为细致的评估结果与帮助
20—27 分	重度抑郁	有重度抑郁,需要有专业机构的治疗介入和测评

2. 忧虑清单

第一阶段:制作一个忧虑清单

首先按照严重程度将目前自己的忧虑写下来,然后在四种选项中选择其一,根据严重程度打 1—5 分(1 分:轻微忧虑;2 分:有点忧虑;3 分:一般;4 分:比较忧虑;5 分:严重忧虑)。

忧虑程度	忧虑事项	需要立即解决的事 1—5分	无法避免的事 1—5分	到时候再担心也行的事 1—5分	发生可能性较小的事 1—5分
1					
2					
3					
4					
5					
6					
7					
8					
9					
10					
11					
12					
13					
14					
15					
	总分				
	所有项目总分				

分析

- 需要立即解决的事分数较高

这是因为你目前需要同时处理的事情太多。要减少事情,就需要做出选择与集中注意力,如果所有事情都不得不做,那么尽量与家人或其他人进行分工。

- 无法避免的事分数较高

这说明你现在所做的事情很辛苦,也很痛苦。在所有无法避免的事情中,分数最高的那个就是让你最辛苦、最痛苦的事,先把这件事解决掉吧。

- 到时候再担心也行的事分数较高

这说明你是提前忧虑的人。到时候情况可能发生变化,还有很大变数。即使现在担忧,到时候也会变的。这样的事情到时候再担心也不迟。

- 发生可能性较小的事分数较高

该项目分数较高的人是真正的高敏感人群。为了毫无必要的事情浪费自己的精力。建议一年中单独拿出一天,专门用来担心这类事件并为之寻找对策。最好挑不忙的日子。

- 总分在 20 分以上

在忧虑清单上找到最容易清除的一项，尝试着将其解决。例：担心家里被盗——> 更换更安全的门锁，然后删除该项。

- 如果需要马上解决，就立刻找到解决办法

第二阶段：忧虑清单中需要马上解决的事

从第一阶段挑选出需要马上解决的事情，将其写下来，然后在两项中挑选一项，根据严重程度打 1—5 分。

忧虑程度	忧虑清单中需要马上解决的事	能够独自解决的事 1—5 分	需要与别人商量的事 1—5 分
1			
2			
3			
4			
5			
6			
7			
8			
9			
10			
	总分		
	所有项目总分		

- 需要与别人商量的事分数较高

属于独自过度忧虑的人,如果将自己的担心告诉别人,忧虑则可以减轻。不妨把自己的担心说给家人或朋友听。

- 能够独自解决的事分数较高

这种人在事情还没开始前就一味担心。需要拿出勇气将忧虑转换为实际行动。

第三阶段:忧虑清单中需要马上解决且需要与别人商量的事

将那些需要马上解决且需要与别人商量的事从第二阶段中选出写下来。后面写上需要去商量的人名,根据需要程度打 1—5 分。商量之后将决定的解决方法写下来。

忧虑程度	忧虑清单中,需要马上解决但又需要与别人商量的事	要商量的人	解决方法
1			
2			
3			
4			
5			

- 与要商量的人见面，找出解决方法，记下来。然后按照商量结果执行

第四阶段：忧虑清单中，需要马上解决且自己可以解决的事

将需要马上解决自己又可以解决的事情从第二阶段中选出，写下来。根据事情的紧急程度（不急的打1分，十万火急的打5分）、费用（几乎不需要花钱打1分，需要花很多钱打5分）、时间（几乎不需要花时间打1分，需要花很多时间打5分）分为三类，每项打1—5分。然后写下最佳解决方法。

忧虑程度	忧虑清单中，需要马上解决且自己可以解决的事	紧急程度 1—5分	费用 1—5分	时间 1—5分	解决方法
1					
2					
3					
4					
5					

- 从紧急程度较高的事情入手，考虑费用与时间的同时，找到可行的解决方法

3. 让自己舒服的人 & 让自己不舒服的人

第一阶段：让自己不舒服的人及自己不舒服的理由

按照让自己不舒服的程度，依次将人名写下来。再回忆他们让自己不舒服的理由。按照讲话内容、语气、表情、装腔作势分为四类，分别打分，根据自己不舒服的程度打 1—5 分。

不舒服程度	让自己不舒服的人	不舒服的理由			
		讲话内容	语气	表情	装腔作势
		1—5 分	1—5 分	1—5 分	1—5 分
1					
2					
3					
4					
5					
6					
7					
8					
9					
10					
	总分				
	所有项目总分				

第二阶段：让自己舒服的人及舒服的理由

按照自己的舒服程度，依次将人名写下来。再回忆他们让自己舒服的理由。按照讲话内容、语气、表情、谦虚分为四类，分别打分，根据自己舒服的程度打 1—5 分。

舒服程度	让自己舒服的人	舒服的理由			
		讲话内容	语气	表情	谦虚
		1—5 分	1—5 分	1—5 分	1—5 分
1					
2					
3					
4					
5					
6					
7					
8					
9					
10					
	总分				
	所有项目总分				

分析

- 如果没有让我舒服的人，也没有让我不舒服的人

属于与他们感情交流较少的一类人。因为性格敏感，你可能

更喜欢独处。年轻时没有大的问题,但上了年纪后容易感到孤独。

– 如果不舒服的人比舒服的人多

你在人际关系上消耗的精力比较多。想一想有什么办法可以增加舒服的人数。

– 如果舒服的人比不舒服的人多

大多数人属于这一类。即使见到了让自己不舒服的人,过一会儿再见到让自己舒服的人,内心就会放松。最好经常与舒服的人见面。

– 不舒服的理由中,如果语气与表情的分数高

有些人与别人谈话时,关注的不是谈话内容,而是对方的语气及表情。性格敏感的人经常这样。每个人谈话过程中所表现出的语气及表情与他当天的状态有很大关系,最好不要认为是自己的关系。

– 不舒服的理由中,如果装腔作势的分数高

有些人喜欢说自己的强项,从而吸引他人的关注。这样的人带给任何人的感受都差不多。如果实在不舒服,就不要见面,当然也可以适当地接受。

- 不舒服的理由中，如果是讲话内容分数高

如果是对方讲话的内容让你不舒服，那就需要进一步做理性的分析。最好找一个让彼此舒服的环境，讨论一下谈话内容。如果对方是上司、长辈，你不好开口，那么情况可能难以改变。如果与对方不是经常见面，那就不用将对方的话放在心里，避免让自己承受过大的精神压力。

- 舒服的理由中，如果语气与表情的分数高

那说明你可能是与他人谈话时经常察言观色的一类人。也就是说，如果哪一天对方的表现与此前不同，变得语气生硬、表情暗然，那你可能就会很受伤、很敏感。请记住，谈话时对方的语气和表情与他当日的状态有关，最好不要认为与自己有什么关系。

- 舒服的理由中，如果谦虚的分数高

谦虚的人让人舒服，但难以与其进行开诚布公的沟通。与其谈话时，最好找一个舒适的环境。

- 舒服的理由中，如果讲话的内容分数高

这是最佳情况。听了对方的内容，感觉舒适，心情变好，敏感的心灵得到放松。与别人见面时尽量聊一些让对方舒适的话题，最好避免谈及政治、子女成绩等敏感话题。

注释

第一章

1 Elaine N. Aron, (1997) *The Highly Sensitive Person: How to Thrive When the World Overwhelms You*, Broadway Books, New York.

2 Jeon HJ (2014) *IntClinPsychopharmacol* May; 29(3):150-156.

3 Jack et al., *ProcNatlAcadSci USA*. 2012 May 8; 109(19):7241-7244.

4 Jeon HJ (2014) *IntClinPsychopharmacol* May; 29(3):150-156; Comparisons of mean HDRS item scores between Koreans and Americans. Adjusted for total HDRS scores. Significant difference between Koreans and Americans; Bonferroni corrections (P/17); *P<0.003. HDRS, Hamilton Depression Rating Scale.

5 Jeon et al., (2013) *Affect Disord*. 2013 Jun; 148(2-3):368-374.

6 Jeon et al., *Suicide Life Threat Behav*. 2013 Dec; 43(6):598-610.

7 Souchet J and Aubret F, *Sci Rep*. 2016; 6: 37619.

8 Jeon et al., *Psychiatry Res*. 2018 Dec; 270:257-263.

9 Mandelli L et al., *Eur Psychiatry*. 2015 Sep; 30(6):665-680.

10 Lim SY and Jeon HJ et al, *J PlastReconstrAesthet Surg*. 2010 Dec; 63(12):1982-1989.

11 Joseph R., *Limbic System: Amygdala, Hippocampus, Hypothalamus, Septal Nuclei, Cingulate, Emotion, Memory, Sexuality, Language, Dreams, Hallucinations, Unconscious Mind*, University Press, Cambridge, 2011.

12 Andersen SL et al., *J Neuropsychiatry ClinNeurosci.* 2008 Summer; 20(3):292-301.

13 Acevedo BP et al., *Brain Behav.* 2014 Jul; 4(4): 580–594.

14 Alberini CM, *J Neurosci.* 2017 Jun 14; 37(24):5783-5795.

15 Burke SN., *Nat Rev Neurosci.* 2006 Jan; 7(1):30-40.

16 Charles A. Nelson, University of Minnesota, 2000. 已获得哈佛大学医学院波士顿儿童医院儿童神经科查尔斯·A. 尼尔森教授允许. InBrief: The Science of EarlyChildhood Development, The Center on the Developing Child, 2007.

17 Boldrini M, *Cell Stem Cell.* 2018 Apr 5; 22(4):589-599.

18 韩国研究财团, 基于主要抑郁障碍患者自杀想法的有无根据扩散张量成像结果显示的脑细微结构异常与血小板 Brain-derived neurotrophic factor（BDNF）变化: 3个月前瞻性跟踪观察研究及6个月后电话跟踪时的变化研究（研究负责人: 全弘镇）.

19 Alexander AL, *Neurotherapeutics.* 2007 Jul; 4(3):316-329.

20 Myung W and Jeon HJ et al., *Transl Psychiatry.* 2016 Jun 7; 6(6):e835.

21 Teicher MH et al., *Nat Rev Neurosci.* 2016 Sep 19; 17(10):652-666.

22 Onat S and Büchel C, *Nat Neurosci.* 2015 Dec; 18(12):1811-1818.

第二章

1 *The Wall Street Journal*. Hide the Button: Steve Jobs Has His Finger on It: Apple CEO Never Liked The Physical Doodads, Not Even on His Shirts, 2020.2.29. https://www.wsj.com/articles/SB118532502435077009

2 The Spectator, Steve Jobs's button phobia has shaped the modern world. 2014.11.22. https://www.spectator.co.uk/2014/11/steve-jobss-button-phobiahas- shaped-the-modern-world/

3 Steve Jobs' 2005 Stanford Commencement Address. https://www.youtube.com/watch?v=UF8uR6Z6KLc

4 De Venter M., *ActaPsychiatr Scand*. 2017 Jun; 135(6):554-563.

5 阿尔贝·加缪, 鼠疫, 刘昊植译, 文学胡同出版社, 2015.

6 Anthony Storr, *Churchill's Black Dog, Kafka's Mice, and Other Phenomena of the Human Mind*, Harper Collins Publishers, 1989.

7 安瑟尼·斯托, 丘吉尔的黑狗, 卡夫卡的老鼠, 金永先译, 文章罐出版社, 2018.

8 舒曼 - 童年情景 15-7. 梦幻曲 (电视剧《冬日恋歌》OST). https://www.youtube.com/watch?v=Fvw6JWEDN7I

9 Robert Schumann - Piano Quintet in E flat major, Op. 44. https://www.youtube.com/watch?v=UQQxpJ7Pn1g

10 Larry Dorman, Cause of the Yips Is Debated, but the Effect Isn't, *The New York Times*, 2011.

第三章

1 Zhou M et al., *Nat Neurosci*. 2018 Nov; 21(11):1515-1519.

2 D J de Quervain et al. *Nature*. 1998. 20; 394(6695):787-790.

3 IkkiYoo and Jeon HJ et al., *J Affect Disord*. 2015 1; 185:24-30.

4 Jennifer L Gordon et al., *Am J Psychiatry*. 2015 1; 172(3):227-236.

5 Kyung-Ah Judy Chang, Hong Jin Jeon et al., *Psychiatry Res*. 2016 Nov 30; 245:127- 132.

6 Kwan Woo Choi and Hong Jin Jeon et al., *J Affect Disord*. 2018 227:323-329.

7 "一杯酒"变了个人？, 每日经济, 2018.1.1.

8 Naomi Breslau et al., *Psychol Med*. 2014 Jul; 44(9): 1937–1945.

9 Herbert P. Ginsburg 等, 皮亚杰的认知发展理论, 金正民译, 学知社, 2006.

10 Breier A, *Arch Gen Psychiatry*. 1986 Nov; 43(11):1029-1036.

11 https://www.independent.co.uk/travel/news-and-advice/turbulence-dangersfacts-plane-crash-flight-aircraft-delta-nosedive-video-a8779201.html.

12 Myung W, *Psychiatry Investig*. 2015 12(2):204-211.

13 "韩国 18% 的自杀集中于名人自杀后一个月内", SBS 新闻, 2015.4.22.

14 2018 年死亡原因统计, 统计厅, 2019 年 9 月 23 日.

15 2018 年心理问题咨询结果报告, 中央心理分析中心, 2018 年 5 月.

16 2017年心理问题咨询结果报告，中央心理分析中心，2017年5月.
17 Diniz BS et al., *Br J Psychiatry*. 2013 May; 202(5):329-335.
18 Gorwood et al., *Am J Psychiatry* 2008; 165:731–739.
19 Katon et al, *JAMA Psychiatry*. 2015; Jun;72(6):612-619.
20 Allan et al., *Br J Psychiatry*, 2015; 206(4):308-315.
21 Gray et al., *BMJ*. 2016 Feb 2; 352:i90.
22 Farooqi et al., *Nature*. 2001 1; 414(6859):34-35.
23 所谓瘦素，"帮助脂肪燃烧的激素"……想要提高瘦素分泌该怎么办？健康朝鲜, 2015.5.15.
24 阿尔贝·加缪, 鼠疫, 刘昊植译, 文学胡同出版社, 2015.

第四章

1 Smith BN et al., *J Affect Disord*. 2016 197:66-73.
2 Bowlby, *A Secure Base: Parent-Child At tachment and Healthy Human Development*, Basic Books, USA, 1988.
3 Choi KW and Jeon HJ et al., *J Affect Disord*. 2018 Feb;227:323-329.

第五章

1 已获得德国塞麦尔维斯医学院精神健康科阿克塞尔·沃勒（Axel Woller）教授的允许。Handbook of Experimental Pharmacology, Springer, 2019.
2 已获得延世大学 Severance 医院整形外科刘大贤教授的允许. Correction of Eyes and Lip Canting after BimaxillaryOrthognathic Surgery, Yonsei Med J. 2018 Aug;59(6):793-797.
3 Dinan TG and Cryan JF, *Nat Rev Gastroenterol Hepatol*. 2017 Feb;14(2):69-70.
4 Cryan JF and Dinan TG, *Nat Rev Neurosci*. 2012 Oct;13(10):701-712.
5 Siegel M, *Heinz Kohut and the Psychology of the Self*, Taylor & Francis group, New York, 1996.
6 Jeon HJ and Hahm BJ et al., *J Affect Disord*. 2009 Dec; 119(1-3):210-214.
7 国家健康信息网站健康专栏，何为有助于睡眠的睡眠卫生？疾病管理本部.

8 Shapiro F. and Maxfield L., *J Clin Psychol*. 2002 Aug; 58(8):933-946.
9 乔治·威伦特，幸福的条件：哈佛大学 - 成人发展报告，李德南 译，前沿出版社，2010.
10 Bowins B, *Am J Psychother*. 2010; 64(2):153-169.
11 Anna Freud, *The Ego and the Mechanisms of Defence*, Taylor & Francis, London and New York, 1936.
12 Vaillant, GE., *Dialogues ClinNeurosci*. 2011 Sep; 13(3): 366–370.
13 *Diagnostic and Statistical Manual of Mental Disorders*, Fourth Edition (DSM-IV), 1994.

第六章

1 Vaillant, G., Mukamal K. Successful Aging. *American Journal of Psychiatry*, 2001:158:839–847.
2 https://www.youtube.com/watch?v=qEZNNhFurMo

附录

1 Spitzer RL et a., *JAMA*. 1999 Nov 10;282(18):1737-1744.
2 朴承镇，洪振彪等大韩焦虑医学会会刊 2010; 6(2)11:119-124.
3 国立精神健康中心，2019 精神健康检查工具及使用标准指南。